"十三五"国家重点出版物出版规划项目
全球海洋与极地治理研究丛书

蓝色战略：全球海洋政策研究

LANSE ZHANLÜE:
QUANQIU HAIYANG ZHENGCE YANJIU

刘大海　刘芳明◎著

海洋出版社
2019年·北京

图书在版编目(CIP)数据

蓝色战略：全球海洋政策研究 / 刘大海，刘芳明著.
—北京：海洋出版社，2019.11
ISBN 978-7-5210-0261-4

Ⅰ.①蓝… Ⅱ.①刘… ②刘… Ⅲ.①海洋开发－政策－研究－世界 Ⅳ.①P74

中国版本图书馆CIP数据核字(2018)第261942号

责任编辑：苏　勤
责任印制：赵麟苏

海洋出版社 出版发行
http://www.oceanpress.com.cn
北京市海淀区大慧寺路 8 号　邮编：100081
北京朝阳印刷厂有限责任公司印刷　新华书店北京发行所经销
2019年11月第1版　2019年11月第1次印刷
开本：787 mm × 1092 mm　1/16　印张：10.75
字数：260千字　定价：188.00元
发行部：62132549　邮购部：68038093　总编室：62114335
海洋版图书印、装错误可随时退换

前 言

基于对世界大势的准确把握，对人类命运的深刻思考，习近平总书记提出了人类命运共同体思想，成为推动全球治理体系变革、构建新型国际关系和国际新秩序的共同价值规范。海洋，作为联通世界的特殊载体，是构建人类命运共同体的良好纽带，同时，海洋事关21世纪人类福祉，是世界经济保障和可持续发展不可或缺的组成部分。

2015年3月28日中国国家发展和改革委员会、外交部和商务部联合发布了《推动共建丝绸之路经济带和21世纪海上丝绸之路的愿景与行动》倡议，拉开了中国全方位对外开放的序幕。践行“21世纪海上丝绸之路”倡议，中国将秉持共商、共建、共享原则，在国际海洋领域积极推进构建人类命运共同体，平衡处理海洋的保护和开发利用，为全球海洋可持续发展贡献中国力量。

自然资源部第一海洋研究所海洋政策研究中心团队着眼蓝色发展战略，以全球化的视角开展了系列研究工作。首先，在中国深度参与全球海洋命运共同体构建的框架下，对中国走出去进行了深入思考，探讨了中国的大西洋和全球海洋战略，建设性提出未来海洋战略发展的重点方向和着力点。其次，紧扣“一带一路”规划主旨，从海上支点建设、海上国际合作等领域开展了发展“21世纪海上丝绸之路”相关研究。极地和深海是中国融入全球发展的重要空间，本书对北极航道资源及其与环境协调可持续发展、北极安全合作等问题开展了分析，并探讨了国际海底区域全球治理等问题。最后，对美国海岛政策和海上执法力量开展了定量和定性分析，其结论对我国相应领域发展具有一定的借鉴意义。

海洋强国梦是中国梦的重要组成部分，本书以《重塑现代海洋精神　树立新型海洋观念》为开卷篇，寄托着我们对海洋事业辉煌发展的梦想，期望未来之中国在认知海洋上进一步解放思想，重塑新时代海洋精神，为海洋强国梦的实现提供精神动力。

本书并非是一部海洋政策方面的研究著作，而是在全球化海洋战略、“21世纪海上丝绸之路”、极地和深海、海岛及海上执法等领域内的若干专题的研究成果汇总，作为海洋政策研究中心承担的多个项目的阶段性成果，无疑还存在诸多不足乃至缺陷，在此，诚邀学界同行、专家多多批评指正。

刘大海　刘芳明

2019年5月

目 录

开卷篇：
重塑现代海洋精神　树立新型海洋观念

刘大海

早在古罗马时期，著名哲学家西塞罗就提出“谁控制了海洋，谁就控制了世界”的重要论断。西方国家重视探险精神，地理大发现以来的殖民扩张给生产力和生产关系带来了根本性变化，工业革命则造就了英国、美国等海洋霸主，海洋逐渐成为人类拓展利益的新空间，全世界通过海洋联结成了一个整体。

正当西方国家逐步经略全球海洋时，明代中国却主动从海洋上退缩，将拥有巨大发展机会的海洋空间拱手让给西方。西方国家的东进态势与明朝的禁海格局使得中西海洋精神历经深刻变迁，最终使中国历史发生了巨大的转折和变化。回顾历史，近代中国饱受侵略，帝国主义列强多从海上侵犯，甲午一役更是使北洋水师全军覆没。“财富取自于海洋，危险也来自于海洋”郑和当年的话依稀还在耳边回荡，但曾经辉煌的明朝海上力量却逐步消亡。错过地理大发现时代的中国，不仅错过了航海世纪，更错过了大航海精神，其影响存续至今。

时至今日，虽然中国已经告别了过去受人欺凌的历史，但是传统农耕文化及陆战思想仍在制约我们的发展。回想梁启超先生曾将中国历史分为三个阶段——“中国之中国”、“亚洲之中国”和“世界之中国”，感触良多。未来中国要想实现“世界之中国”这一民族复兴目标，海洋是我们走出亚洲、走向世界的必经之路。当前，相较于日益增强的综合国力和逐步提升的海洋开发能力，海洋精神层面的“缺钙”问题显得更为严重。

现代海洋是世界的海洋，是开放性的海洋，这决定了现代海洋精神是外向性的、开放性的、开拓性的、探索性的，这指引着我们向更深、更远的海洋迈进，探索、开拓未知的海洋空间。然而，自古至今，中国对海洋的实际开发活动大多局限于近海海域，认为远海只是航行贸易的交通要道。在新时期，这种海洋观具有一定的局限性。

放眼看世界，在世界多极化、经济全球化的今天，应以一种全球的视角来看待海洋、开发海洋，重塑现代海洋精神。利益边界就是安全边界，就是战略力量应存在的边界，在经济全球化的背景下中国的海外利益不断延伸，客观上对中国的海洋战略提出了新的要求。

回眸观中国，随着“一带一路”倡议的推进实施，中国“走出去”战略进入新阶段，“通过和平、发展、合作、共赢方式，扎实推进海洋强国建设”成为引领未来海洋发展的主旋律。2016年2月全国人大常委会通过的《中华人民共和国深海海底区域资源勘探开发法》更是吹响了认识深海、和平利用深海的号角，体现了中国履行国际公约的责任，参与全球海洋治理的决心。

在建设海洋强国背景下，重新塑造现代海洋精神，不仅是时代责任与历史使命，也是汲取我国几百年闭关锁国教训的重要举措。历史上的中国曾错过成为现代海洋强国的重要机遇，而如今的中国应在认知海洋上进一步解放思想，重塑新时代海洋精神，为海洋强国建设提供精神动力。

关于中国大西洋海洋战略布局的几点思考

刘大海　连晨超　刘芳明　王春娟　纪瑞雪　李晓璇

摘　要：随着中国国力的不断增强和海洋力量的提升，中国在大西洋的海外利益不断延伸，这对中国的海洋战略提出新要求。在《中华人民共和国深海海底区域资源勘探开发法》出台背景下，提前谋划中国的大西洋海洋战略很有必要。本文系统阐述了大西洋的全球战略地位，从政治与外交、军事与安全、经济与贸易、科研与环保等方面分析了其对中国的战略意义，探讨了大西洋海洋战略布局的目标框架。在此基础上，对中国大西洋战略布局进行了现实考量，提出全面构建大西洋伙伴关系，提升大西洋资源调查、勘探和开发能力，中国海警加快融入国际海上搜寻救助体系等建议。

关键词：大西洋；海洋战略；海洋贸易；海洋强国

随着“一带一路”倡议的推进实施，中国“走出去”战略进入新阶段，“通过和平、发展、合作、共赢方式，扎实推进海洋强国建设”成为引领未来海洋发展的战略主旋律。2016年2月全国人大常委会表决通过的《中华人民共和国深海海底区域资源勘探开发法》（简称《深海法》）更是吹响了认识深海、和平利用深海的号角，体现了中国履行国际公约责任，参与全球海洋治理的决心。近年来，中国实力的发展带来了越来越多海外利益的拓展，这要求中国必须提升对全球海域的介入及力量投送能力，以应对各种新的海上事态发展，保障未来中国国家海上利益。未来“海洋强国”的建设也要求中国不仅仅局限在本地区内保护自身的海洋权益，而是发展自身的全球海洋战略。

立足太平洋，发展印度洋，展望大西洋，在全球大洋中参与国际海洋秩序的构

建，是对中国传统海洋战略的延伸。一直以来，中国对大西洋的战略考量未正式提上议程。未来的中国，以全球化思维经略大西洋是必然抉择。中国应在现阶段开始着手经略大西洋，这是长远阶段建设海洋强国的必然需求，也是近期打破美国海上封锁、发展中国海洋“外线战略”、保障中国海外利益的现实举措。中国应不再仅仅局限于基于地理位置和地缘政治考量的太平洋和印度洋战略，而应放眼全球，将大西洋纳入海洋战略考量范围，强化与大西洋沿岸国家的关系建设，打造全方位、立体化的合作格局，实现国家利益维护力量由区域化向全球化发展的迈进。当前的中国已经有能力并且有必要为经略大西洋做出规划，从而为未来的大西洋战略做好准备。

一、大西洋的全球战略地位

相较于对太平洋和印度洋战略重心的强调以及对北冰洋重视程度的提升，我国一直对传统全球战略中心——大西洋重视不足。这与大西洋在全球的重要战略意义并不相符。

大西洋被称为“超级战略大洋”。回顾历史，15世纪至17世纪，新航路的开辟带来了“地理大发现”，世界贸易中心由原来的地中海区域转移到大西洋沿岸，奠定了大西洋在世界政治格局中的核心战略地位。大西洋两岸分布着当今世界主要发达国家和多个发展中大国，西海岸主要有美国、加拿大、巴西，东海岸主要有俄罗斯、德国、荷兰、法国、西班牙、葡萄牙、意大利、挪威、瑞典和南非等国。可以说，欧美传统发达国家大部分集聚在大西洋沿岸区域。

数据和资料显示，大西洋沿岸拥有世界75%的港口，其中波士顿、纽约、鹿特丹等世界知名港口，货物周转量可达世界的67%，货物吞吐量达60%[①]；在美国公开宣称的全球16条海上要道中，大西洋占据7条，包括佛罗里达海峡、好望角航线、巴拿马运河等；美国将大西洋沿岸地区作为其海外军事基地重要部署区，在大西洋沿岸地区的海外军事基地占其海外基地总数的53%。2015年，俄罗斯总统普京批准的新版海洋学说仍将俄海军发展的“重音符”放在了大西洋和北极地区，要求俄罗

① 桑红. 大西洋与欧洲沿海的海洋战略角逐. 海洋世界, 2008, 4:70−75.

斯在大西洋保持强大的存在。可以说，无论是过去还是当今，大西洋都具有重要的战略地位与现实意义。

二、大西洋对中国的战略意义

尽管在四大洋中大西洋距离中国最为遥远，但是从海洋战略的整体性和海上利益拓展的长远性来看，其对于中国未来的海洋战略具有重要意义。

首先是政治与外交方面。中国进入大西洋是我国海洋战略从区域化走向全球化的重要环节，也是中国外交伙伴关系网络中的重要组成部分。随着中国综合国力的进一步增强和海上力量的提升，未来的中国必将全面参与全球海洋事务，甚至全面参与国际海洋秩序的建设与维护，而中国在大西洋彰显存在并发挥作用是其中不可或缺的一环。中国在大西洋地区的伙伴关系网络已经基本建成，这其中既包括与英国的全球全面战略伙伴关系，也包括刚果共和国这种正在扎实推进的伙伴关系。深入推进与欧美发达国家的大国外交建设，着力探索与委内瑞拉、巴西等国合作领域的拓展，是中国提升自身政治影响力、建立外交关系"朋友圈"的现实需求。

其次是军事与安全方面。大西洋是中国跳出美国在亚太地区的包围圈，打破美国遏制封堵的新的战略纵深地。早在"冷战"时期，以美国为首的西方阵营就在太平洋地区构筑岛链，封锁海上贸易，以扼杀中国和苏联等社会主义国家。2010年，为维持全球领导地位，遏制中国崛起，美国高调宣布重返亚太，全面加强对亚太地区的控制。在这个大背景下，南海问题愈加突出，东海钓鱼岛争端也逐步升级。面对美国及其盟友的围追堵截，向西开拓大西洋市场，加强与大西洋沿岸国家合作，将成为牵制美国并遏制美国霸权主义的有效手段。

再次是经济与贸易方面。大西洋是我国海上利益拓展延伸的重要区域。北大西洋沿岸国家是我国重要的贸易伙伴，尤其是欧美与中国经济上的相互依赖非常紧密。大西洋两岸的拉美地区和非洲地区资源丰富，是未来我国能源与矿产供给的重要区域[①]，重视大西洋海域海上安全对于确保我国贸易和能源运输安全及海上利益

---

① 林利民. 世界地缘政治新变局与中国的战略选择. 现代国际关系, 2010, 4:1-9.

拓展具有重要意义。另外，我国“一带一路”倡议陆上与海上的终点都在大西洋，提前谋划大西洋海洋战略将对未来中国经济全球化发展以及中国与亚、非、欧众多国家的多边关系产生重要影响，具有重大战略布局意义。

最后是科技与环保方面。大西洋是推动中国深远海战略、维护国际海洋环境安全的重要区域组成。随着对海洋认识能力的提升，走向深远海已成为我国海洋战略未来发展趋势。中国目前对国际海域的认知还比较欠缺，尤其是在大西洋区域。尽管目前中国的科考船在大西洋海域有一定存在，但是相较于大西洋海域的广阔、资源的丰富和其重要的战略意义，中国对大西洋的物理海洋、海洋地质、海洋生态等的了解仍然有限。进一步提升中国海洋科考调查、勘探能力，扩展科考远航范围，有利于增进中国对全球海洋的了解。面对日益严重的全球气候变化和海洋酸化等环境安全问题，对大西洋的全面了解有助于中国制定维护国际海洋环境安全的政策，也有利于中国在这一区域开展进一步的环境保护行动，这既是履行《联合国海洋法公约》缔约国责任的要求，也是中国主动承担国际责任的表现。

多年来，中国积极参与国际海底区域活动，先后组织开展了40余个大洋调查航次，相继获得了多金属结核、多金属硫化物等资源勘探开发区，“蛟龙”、“海龙”、“潜龙”系列深海勘察技术装备陆续下水，我国已做好了进一步认识深海、和平利用大西洋深海资源的准备。但是，我国在大西洋的科研水平和能力建设与发达国家相比差距巨大，随着《深海法》的出台，可以借此契机，整合大西洋相关资源，推进大西洋深海科学、技术发展和资源勘探开发能力的提升。

三、大西洋海洋战略布局目标框架

考虑到大西洋对中国的战略意义和中国在大西洋的实际利益需求，中国当前的大西洋战略布局的目标框架主要包括以下方面。

在政治与外交方面，中国应努力在对美关系上维持总体的和平与稳定；进一步深化同欧盟国家的合作，尤其是大西洋沿岸的英、法、德等欧洲大国；进一步深化与拉美和非洲传统友好伙伴在各领域内的合作；拓展与更多国家建立友好合作关系。

在军事与安全方面，中国要避免因为进入大西洋而引起美国的过度紧张与反感；借助各种手段适度增强海警力量在大西洋的存在；提升中国保护大西洋航线上中国船只安全的能力；增强中国在大西洋地区的影响。

在经济与贸易方面，稳步推进中国与欧美国家的经济贸易和货物往来，提升贸易质量和层次；加强与拉美和非洲等能源禀赋优越的国家的合作，拓展双边、多边贸易合作领域。

在科技与环保方面，提升我国在大西洋的调查、勘探能力，加大在该地区的科考力度，逐步增强中国对大西洋海域的了解；摸清大西洋海域环境变化状况与趋势；加强与大西洋国家在海洋科技和环境保护、环境执法上的合作与交流。

四、大西洋战略布局现实考量

历史上的海洋强国如果想要长期维持海上优势，仅仅拥有海军力量是不够的。中国的海洋强国之路也必须凭借综合性海权的支撑，而绝不能将自身建设局限在海军建设上[①]。考虑到中国自身军事实力的实际情况，在宣称和平崛起的同时如果强化在远洋的军事存在，将进一步增加中国军费上的压力，但却不能带来相应的收益。并且，其他国家对中国军事实力增长的恐惧是限制中国发展的重要因素[②]。因此，在现阶段，通过贸易、投资、护航、科考、环保等手段全面构建大西洋伙伴关系是中国经略大西洋的优先选项。

（一）全面构建大西洋伙伴关系

当前，可以借助“21世纪海上丝绸之路”发展契机，沿丝绸之路继续向西拓展，深化与大西洋国家的海洋经济与贸易合作，积极发展海洋合作伙伴关系。市场和贸易的发展是国家发展和国力提高的重要推动因素，也是海上力量建设的支撑[③]。西方海洋强国，例如荷兰、英国、美国等国家的兴衰史告诉我们，建立在海上贸易基础上的海上力量才可以得到比较正常和持久的发展，想要获得海权不能仅

① 刘中民. 中国海洋强国建设的海权战略选择——海权与大国兴衰的经验教训及其启示. 太平洋学报, 2013, 21(8):74−83.

② 米尔斯海默. 大国政治的悲剧. 上海：上海人民出版社, 2014.

③ Erickson A S, Goldstein L, Lord C. China Goes to Sea: Maritime Transformation in Comparative Historical Perspective. Maryland: Naval Institute Press, 2011:4−5.

仅依靠武力，还要以发展海洋贸易和维护海洋秩序作支撑[①]。

中国与大西洋两岸国家在经贸往来方面有着良好的合作基础和发展势头。未来应与欧洲、美国、非洲和拉丁美洲以不同的策略深入合作。中国与非洲和拉丁美洲有着日益密切的经贸往来，相互之间的经济也有很强的互补优势。美国、欧盟与中国是世界的三大经济体，欧美与中国都有着巨额的双边贸易，货物运输主要都是借助海洋进行，在这种情况下，大西洋对于中国与美国东海岸城市和欧洲国家之间经贸合作的重要性不言而喻。

欧洲方面，2015年是中国与西欧发达国家关系快速发展的一年。英国、法国、德国、意大利等国家先后申请加入亚投行，10月我国国家主席习近平访英更是将中英关系提升到了前所未有的“全球全面战略伙伴关系”新高度。这两个事件成为中欧关系发展的标志性事件，而在这其中经济合作成为推动中欧关系发展的主要动力，未来应通过经贸合作稳步推进中欧全球全面战略伙伴关系建设。

美国方面，当前中国与美国在海上的竞争态势明显，在这种情况下努力保持与美国的关系整体稳定显得尤为重要。2015年9月习近平主席访美后中美关系走向紧张的局面得到了一定的缓解。中美之间的经贸往来是双边关系保持友好的“压舱石”，因此借力大西洋航运发展与美国东海岸城市的经贸往来有助于进一步加强双方在经济上的相互依赖。

拉丁美洲和非洲方面，中国应加强与拉丁美洲东海岸国家和非洲西海岸国家的关系，推动建设“第三世界”大西洋海上共同体。增加贸易往来，尤其是能源领域的合作，可以减轻我国对中东地区的能源依赖程度。中国可借力与这些国家发展关系为将来经营大西洋做好准备。帮助这些国家进行基础设施建设是推进中国与大西洋沿岸国家深入合作的重要手段。2015年年底，中国企业承建的喀麦隆—巴西跨大西洋海缆系统项目正式签约，这个项目打破了发达国家对国际跨洋海缆工程的垄断，是中国在大西洋提升存在的重要项目之一[②]。目前正在酝酿的在巴西、秘鲁等国建设跨太平洋、大西洋铁路计划也持续引起多国关注。

通过此类经济合作，中国不仅可以提升与大西洋沿岸国家的经济合作水平并获

① 章骞. 中国海上崛起经验借鉴：九大强国演绎海系国运——凤凰国际智库报告. (2016-3-17). http://pit. ifeng. com/dacankao/haijingyan/1. shtml.

② 王海林. 中方企业首次承建跨大西洋海缆工程. 中国海洋报, 2015-12-29(2).

得长远的经济利益，而且可以避免军事存在引起的猜疑，还可以通过民事项目增进对大西洋海况的探索。此类真正关注民生的项目还将为相关国家民众带来切实的利益，也是未来“一带一路”着重发展的方向[①]。

（二）提升大西洋资源调查、勘探和开发能力

加强海洋科考，提升大洋资源调查能力，进而增加我国对大西洋海域信息的掌握，提升中国参与大西洋资源勘探开发的主动权。尽管我国的大西洋战略布局是执行和平与发展使命，但由于途经美国、俄罗斯、西欧等大国间博弈的敏感地，可能无法避免相关国家对中国战略意图的各种揣度。如果通过军事力量来实现对大西洋的认知，在任务执行过程中将面临管控风险、避免冲突等难题。科考作为一种带有公益性质的海洋探索受到的关注相对较少，一般不会引起国际媒体的猜忌，是目前我们增进对大西洋了解的有效手段之一，也可以促进中国与大西洋沿岸国家在海洋科技与创新上的国际合作，进一步探索在大西洋海底资源开发的可能。

中国可加强与欧盟、拉美和非洲国家在大西洋海域的科学考察及资源的勘探与开发合作。2011年欧盟委员会通过的大西洋战略显示了欧盟在大西洋的资源需求，其大西洋战略仍注重现实利益的获取[②]。大西洋与中国之间的距离遥远，因此中国对大西洋的海况与资源分布的基本信息了解较少。增强对大西洋海域的科考与资源勘探有利于我们提升对大西洋海域的认知，并且有利于缓解中国的资源紧缺，还能促进中国与大西洋沿岸国家在海洋科技与创新上的国际合作。拉美和非洲国家对中国的资金与援助有着旺盛的需求，例如大西洋东岸的安哥拉和西岸的委内瑞拉已经分别成为对中国出口石油最多的非洲和拉美国家。随着中国在深海钻探石油上实现技术突破，中国与这些国家还存在着巨大的合作潜力。

（三）加快融入国际海上搜寻救助体系

以融入国际海上搜寻救助体系为契机，出现在大西洋，既降低了力量存在的敏感性，又提高了合作的可能性，是中国维护全球海洋秩序，保护海上人员和财产安全，保护全球海洋环境安全的一个有力手段。为开展国际合作搜寻营救海上遇险人

① 时殷弘.“一带一路”：祈愿审慎.世界经济与政治，2015，7:151−154.

② 胥苗苗.欧盟大西洋战略的新现实主义.中国船检，2013，7:32−33.

员，政府间海事协商组织曾制定《1979年国际海上搜寻救助公约》。公约强调发扬人道主义，规定缔约国在本国的法律、规章制度许可的情况下，应批准其他缔约国的救助单位为了搜寻发生海难的地点和营救遇险人员而立即进入或越过其领海或领土。中国于1985年6月24日核准了公约。作为海上行政执法的主要力量，中国海警可考虑在公约框架下积极发挥全球国际合作搜寻救助作用。海警作为准军事力量走出国门开展活动在美国、日本和韩国等国家都有不少先例，对海警的运用可以更加灵活[①]。随着中国海警力量的不断上升，可依托海警的全球行动能力，以全球国际合作搜寻救助为契机，使得我国海上力量逐步进入大西洋。中国可以借助“非战争军事行动”，加强与大西洋沿岸国家在海洋安全维护、人道主义救援、海洋环境管理等多领域的深度合作。

本研究认为，中国海权的增长并不必然要求中国发展与美国相对称的或全球性的海军来对抗美国[②]，而是在应对非传统安全的威胁等方面加强双边、多边海上安全合作，推动建立国际合作机制以保证运输通道安全。通过执行全球任务，增强对大西洋海域的了解，还可以发展海上软实力。与此同时，对美国形成更大的压力，使其插手我国周边海域问题时会有更多的顾虑。这项工作应尽早布局，保证机会合适时已做好了准备。

五、结语

构建我国的大西洋战略不仅是时代的责任与历史的使命，也是汲取我国几百年闭关锁国教训的重要举措。历史上，我国曾错过地理大发现，错过大航海时代，错过成为海洋强国的机会。随着社会的进步和时代的变迁，中国作为一个海洋大国，海洋意识不断增强，海洋经济不断发展，海洋强国建设不断推进。建设海洋强国的时代背景赋予了海洋精神新的内涵，向更深、更远处探索海洋是现代海洋精神的核心，“21世纪海上丝绸之路”的构建便是现代海洋精神的重要体现，它为开拓性地发展海洋开辟了道路。

---

① 胡波. 中国海权策. 北京：新华出版社, 2012.

② 吉原恒淑. 红星照耀太平洋. 北京：社会科学文献出版社, 2014.

在世界政治多极化、经济全球化的今天，海洋是世界的海洋，是开放性的空间，这决定了现代海洋精神是外向性的、开放性的、开拓性的、探索性的，指引着我们向更深、更远的海洋迈进，探索、开拓未知的海洋空间。推进大西洋海洋战略不仅对推动国际经济贸易往来、促进海洋经济发展有重要现实意义，对我国海洋权益的维护也有着重要战略意义。中国应站得更高，看得更广，更全面地把握全球海上局势，居安思危，未雨绸缪，确保我国在世界海洋强国之林占据一席之地。

经略大西洋：从区域化到全球化海洋战略

刘大海　连晨超　吕　尤　刘芳明

摘　要：经略大西洋是着眼未来、建设海洋强国的战略抉择，更是我国海洋战略从区域化走向全球化的未来趋势。本文阐述全球化时代国际海洋秩序的变革以及各国相应的海洋战略调整，分析大西洋的重要历史地位与现实战略意义，并从地理位置、海上贸易、航运安全和海洋资源开发等角度探讨大西洋对我国的战略价值；基于北极航道的逐步开通，进一步分析未来经略大西洋的契机；在此基础上开展我国对大西洋的战略考量，提出现阶段可以把经济与贸易合作、海洋秩序维护以及科考与资源开发保护作为我国战略的优先选项。

关键词：大西洋；海洋战略；北极航道；海洋强国

一、引言

经略大西洋是拓展蓝色经济新空间、打造全面开放海洋新格局的现实举措，是打破海上封锁、保护国家海外利益的实际需求，也是着眼未来、建设海洋强国的战略选择，更是我国海洋战略从区域化走向全球化的未来趋势。近年来，经济全球化加快世界海洋开发进程，中国的海洋事业也得到快速发展，海洋力量不断增强。然而作为一个传统的陆权国家，身为海洋大国的中国对海洋进行系统经略的时间并不长，且一直缺乏整体的、全球层面的海洋战略。虽然中国目前在太平洋和印度洋已有常态化经济和军事活动存在，并对北冰洋的开发投入了更多资源，但对大西洋的经略却一直未正式提上议程。

“风物长宜放眼量”，全球化是世界经济发展的必然趋势，中国近年来的快速发展离不开本轮全球化带来的机遇。随着中国的崛起和海洋强国建设的深入推进，中国已经有能力并且有必要为经略大西洋做出前瞻部署，以不断拓展海外利益，为未来制定全球化海洋发展战略做好准备，探索并实现海洋战略由区域化向全球化发展的跨越。

二、战略背景

古罗马哲学家西塞罗曾说过：“谁控制了海洋，谁就控制了世界”。美国海军历史学家马汉也曾在其著作《海权对历史的影响》中详细阐述了海权的重要作用[①]。后冷战时代，全球化正成为世界性的重要问题，而在世界政治、经济等领域发生的深刻变化，定将引起国际海洋秩序的重大变革。目前，海洋除发挥全球物流运输载体的作用外，还为人类可持续发展提供所需的工业资源、高效能源、绿色食品和空间资源。随着海洋权益斗争的深入以及“海洋国土”这一概念的产生，各沿海国家纷纷向海洋要资源、向海洋要财富、向海洋寻求生存空间[②]。

自1994年《联合国海洋法公约》生效以来，海洋资源在全球范围内进行再一次分配[③]。各国立足于自身长远发展，都制定了适于本国国情的海洋政策，其中欧美地区主要发达国家制定了一系列以维护海洋权益和开发海洋经济为重点的新战略，包括俄罗斯在2001年推出的新《国家海洋政策》、加拿大发布《加拿大海洋战略》（2002年）、美国《21世纪海洋蓝图》（2004年）以及《欧盟综合海洋政策绿皮书》（2006年）等[④]。

我国是典型的陆海复合型强国[⑤]，在全球海洋领域有着广泛的战略利益。粗略来看，全球航运市场约有19%的大宗货物运往中国、有22%的出口集装箱来自中国，中国商船队的航迹遍布世界1200多个港口[⑥]；目前中国对外原油依存度已高达

① 马汉. 海权对历史的影响. 安常容, 成忠勤译. 北京：中国人民解放军出版社, 2006.

② 郭搫. 构建全球化时代国际海洋新秩序. 理论月刊, 2008, 3:150－153.

③ 杨震. 后冷战时代海权的发展演进探析. 世界经济与政治, 2013, 8:100－116.

④ 刘康. 国际海洋开发态势及其对我国海洋强国建设的启示. 科技促进发展, 2013, 5:57－64.

⑤ 吴征宇. 海权与陆海复合型强国. 世界经济与政治, 2012, 2:38－50.

⑥ 鲍晓倩. 建设海洋强国民族复兴的必然：访国家海洋局海洋战略研究所研究员王芳. 中国产经, 2013, 7:2.

55%，而中国进口石油的运输有90%依靠海运，可以说中国已成为依赖海洋通道的外向型经济大国。近年来，我国从战略高度对海洋事业进行全面部署，如国务院于2013年1月批准《国家海洋事业发展“十二五”规划》，接着又出台《全国海洋经济发展“十二五”规划》、《国家“十二五”海洋科学和技术发展规划纲要》等一系列政策文件，构成我国海洋战略框架体系；2016年5月1日起实施的《中华人民共和国深海海底区域资源勘探开发法》标志着我国深海资源勘探和开发迈入新阶段，必将为我国深海法律政策制度的发展奠定基石。

三、大西洋的重要战略意义

自新航路开辟以来，世界贸易中心由原来的地中海区域转移到大西洋沿岸，这奠定了大西洋在世界政治格局中的核心战略地位。大西洋拥有世界75%的港口和7条全球海上要道（全球共16条），其中世界知名港口如波士顿、纽约等的货物周转量可达世界总量的67%、货物吞吐量达60%[①]。每个世纪的领导者，如16世纪的葡萄牙，17世纪的荷兰，18世纪和19世纪的英国，以及20世纪的美国等大西洋国家，一直以来也都围绕大西洋沿海海域进行利益争夺[②]，大西洋的重要性可见一斑。时至今日，欧美地区发达国家大部分仍集聚于大西洋沿岸区域，在某种程度上支配着世界政治、经济格局。

回顾历史，在19世纪后期，随着工业革命和社会革命的迅猛发展，大西洋地区的综合实力占据压倒性优势。据经合组织经济史专家麦迪逊统计，1870年大西洋地区（以西欧为主）的GDP总量达4200亿“国际元”。此后，美国所领导的第三次科技革命使大西洋地区的综合实力优势继续扩大，1913年西欧及美国的GDP总量增至大约13600亿“国际元”。在制造业产值方面，大西洋地区在1900年所占世界份额就已超过85%[③]。大西洋地区逐步占据明显的地缘政治优势，不仅掌控着世界各大洋及其海上通道和战略要点，更有着对国际事务的强大掌控能力[④]，最终确立其世

① 桑红. 大西洋与欧洲沿海的海洋战略角逐. 海洋世界, 2008, 4:70−75.

② 宋海洋. 试论海洋对于中国的战略意义. 经济与社会发展, 2009, 7:20−23.

③ 林利民. 世界地缘政治新变局与中国的战略选择. 现代国际关系, 2010, 4:2.

④ VIVEROJLS, MATEOSJCR. Changing maritime scenarios: The geopolitical dimension of the EU Atlantic Strategy. Marine Policy, 2014, 48:59−72.

界权力中心和全球地缘政治中心的地位。当前，俄罗斯对外战略在“9·11”事件后由最初的“双头鹰”战略转变为推行“大西洋主义”的全方位外交，融入以西方为主导的全球化浪潮之中[①]；美国将其重要的海外军事基地部署在大西洋沿岸地区，占其总基地数量比例高达53%。可以说，大西洋仍具有重要的国际地位与现实意义。

一直以来，我国对“超级战略大洋”——大西洋不够重视，这与大西洋世界战略中心的地位并不相符。无论是从地理位置和海上贸易的角度，还是从航运安全和海洋资源开发的角度，大西洋对于中国而言都具有重要的战略意义[②]。

首先，大西洋是我国海上利益拓展的延伸区域。“一带一路”倡议的推进要求海洋开发者用全球视域的海洋经济意识和海洋安全意识来支撑全球化海洋战略[③]。从必要性来看，目前中国的利益遍布全球，中国的海洋战略不应再局限于西太平洋和印度洋地区；“走向深蓝”是目前中国海洋发展的趋势与方向，这既可实现对近海困境的突围，更能实现对全球海洋事务的深度融合。从迫切性来看，中国近海资源开发逐步趋于饱和状态，与大西洋沿岸国家深化经济合作并对大西洋公海海域内资源进行勘探、开发和利用，有利于缓解中国未来发展亟待解决的资源、能源缺乏问题和市场困境。

其次，大西洋是我国跳出美国在亚太地区包围圈、打破美国遏制局面、解除海上封堵的新的战略方向。面对美国的“亚太再平衡”政策及其与盟友对中国进行的岛链封锁，中国不宜被约束在“家门口”进行博弈。大西洋作为欧美国家的腹地对其具有不可替代的重要意义，面对海上竞争的加剧，中国经略大西洋具有全局战略性。例如，通过在外交层面与大西洋沿岸国家建立伙伴关系网络，能够有效增强中国对欧美的制衡，这其中就包括2015年12月在南非举行的“中非合作论坛约翰内斯堡峰会”，会上提出要把中非关系提升为“全面战略合作伙伴关系”，并使用“中非命运共同体”的提法，中方还宣布未来三年为非洲提供600亿美元融资的计划[④]；如果未来中国能在非洲西海岸获得类似巴基斯坦瓜达尔港一样的优良港口，就将一

---

① 丛向群.“9·11”事件后俄罗斯对外战略的重大调整.西伯利亚研究, 2002, 6:24—30.

② 刘大海，连晨超，刘芳明，等.关于中国大西洋海洋战略布局的几点思考.海洋开发与管理, 2016, 33(5):3—7.

③ 章忠民，胡林梅.“一带一路”战略下的三维海洋意识建构提升.学习与探索, 2016, 4:34.

④ 习近平.中非关系提升为全面战略合作伙伴关系.环球时报, 2015—12—5(1).

步跨入南大西洋，与中国在委内瑞拉的存在形成呼应。可以说，适时经略大西洋是中国寻求外线突破的有效手段。

再次，大西洋是我国新型“西进战略”的重要方向之一。北京大学国际关系问题著名专家王缉思曾提出以陆为主的“西进”战略，在其发表的《“西进”，中国地缘战略的再平衡》一文中，特别强调陆权与海权并行不悖的地缘“再平衡”战略。通过建设东起中国东部，横贯亚欧中部地带，西达大西洋东岸、地中海沿岸各国的由中国主导的“21世纪海上丝绸之路”，中国能够确保西部境外丰富的油气资源和其他大宗商品的供应渠道畅通[①]。此外，通过对巴基斯坦瓜达尔港的投资，中国获得进入阿拉伯海的入口并建成通向印度洋的大通道，将降低通过陆地进口能源的风险。近年来，中国东部因钓鱼岛争端、南海问题等形势趋紧，加之美国将战略重心重新转向亚洲，在这种情况下，“西进”战略不仅是中国牵制美国重返亚太政策的重要举措，也是其平衡大陆外交与海洋外交、开展大国全球外交的具体载体，对于改善周边国际环境、构建中美新型大国关系等均具有重要意义。

最后，经略大西洋是我国海洋战略从区域化走向全球化的重要环节。建设海洋强国是一个长远的规划与目标，中国将历经区域性的海洋强国和世界性的海洋强国两个阶段[②]。随着综合国力的进一步增强和海上力量的进一步提升，未来的中国必将全面参与国际海洋制度和海洋秩序的建设与维护、参与全球海洋事务，而在大西洋彰显存在并发挥作用是其中不可或缺的一环。

四、经略大西洋的重要契机

在全球气候变化的大环境下，北极航道全面开通的可能性逐步增强。一旦北极航道全面开通，中国在大西洋的政治经济格局将发生重大变化[③]。

首先，北极航道通航将带来世界政治经济重心向北偏移，环北冰洋国家面临崛起机遇，北极圈周边政治格局也会随之改变，新北极国际关系将逐步建立。对于中

---

① 王缉思．“西进”，中国地缘战略的再平衡．共识：创新边疆民族宗教治理完善民族区域自治制度．北京：中央民族大学中国少数民族研究中心, 2012, 8:8−9.

② 金永明．中国建设海洋强国的路径及保障制度．毛泽东邓小平理论研究, 2013, 2:81−92.

③ 刘大海, 马云瑞, 王春娟, 等．全球气候变化环境下北极航道资源发展趋势研究．中国人口·资源与环境, 2015, 25(S1):6−9.

国而言，北大西洋作为北极航道的出口和目的地，在此轮海上竞争中将起到重要作用。中国应把握这一战略机遇期，未雨绸缪，早作谋划，抢得先机。

其次，随着北极航道资源利用的逐步常态化，以及北极航线贸易、船舶和人员的逐步专业化，北极航道通航价值必将大幅上升。业内人士认为，北极航道的开通将改变一直以来苏伊士运河和巴拿马运河作为连接大西洋和太平洋要道的局面，实现大西洋和太平洋经北极航道的直接贯通，不仅能大大缩短航程、减少运输成本，而且可以避开索马里海盗和印度洋海盗的威胁。对于中国而言，大西洋贸易成本和风险将大幅降低，这也将为中国经济发展带来新市场、新空间、新机遇。

最后，北极航道尤其是东北航道的顺利通航将大大缩短中国到大西洋、美国东部、西欧和北欧的海上距离，在北冰洋方向打通一条新的战略通道，这对于中国未来具有极为重大的战略意义。从这个意义来看，大西洋对中国而言已不再是遥远的地球另一端的海域，而是与中国更为接近、利益更为密切的战略延伸之地，其重要意义凸显。

需要指出的是，北极航道的全面开通并不遥远，越来越多的国家及企业开始着眼评估这条航道的商业价值。2012年“欧盟-北极论坛”秘书长韦伯（Steffen Weber）在谈及欧盟北极战略时指出：“海运一直是欧洲经济发展与繁荣的助推器，欧洲的国际贸易对海运有着巨大的依赖。欧盟成员国拥有世界上最大的商业船队，跨北冰洋的航运将帮助欧洲经济获得新的优势。欧盟应从战略角度看待北极航运问题，参与开发和利用北极航道。”①中远集团“永盛”轮商船在2015年10月已完成中国商船在东北航道的首次往返航行。据预测，最快在2035年前后，北极就可能出现无冰的夏季；随着全球气候变暖和北极海冰的加速融化，在不久的将来这一战略机遇可能就会到来。我国应以此为契机，借力北极航道，进一步强化与大西洋沿岸国家的伙伴关系建设，打造全方位、立体化的合作格局。

五、经略大西洋的战略考量

美国一直是大西洋联盟的主导者，在政治、军事上凭借北约这一机制掌握着领

① 杨剑. 北极航道：欧盟的政策目标和外交实践. 太平洋学报, 2013, 21(3):41−50.

导权，在经济上也不遗余力地促使TTIP的达成[①]。大西洋联盟经济上的相互依赖和文化上的相互认同，给其存续及大西洋关系的长期稳定提供了重要基础。可以说，大西洋联盟的存在对中国经略大西洋造成很大阻力。

在此阶段主张中国经略大西洋，并不是认为中国当前应急于在军事上制定大西洋战略。历史上的海洋强国如果想要长期维持海上优势，仅拥有军事力量是不够的，其必然依托以商贸为基础的海上综合战略的全面推进，中国的海洋强国之路也必须凭借综合性海权有力支撑。中国应寻找合适的突破口，从区域经济合作和全球海洋治理等领域介入大西洋，其中经济与贸易合作、海洋秩序维护、科考与资源开发保护是中国大西洋战略的优先选项。

首先，在经济与贸易合作方面，中国应推动与大西洋国家经贸合作走向深入。习近平主席主张中国要“和平崛起”，强调“天时不如地利，地利不如人和”的古训。在“大西洋战略空间”的拓展中，一定要注意“人和”的问题，必须以“人和”为先导去打开局面和打破僵局。海洋领域内最有利于推进“人和”的无疑是双边海上经济贸易合作，目前中国与大西洋沿岸各国都有着良好的合作基础和发展势头，接下来需要与欧洲、美国、非洲和拉丁美洲开展进一步合作。具体来说，大西洋北半球沿岸的欧美国家与中国都有巨额的双边贸易，货物运输也主要借助海洋进行，在稳步推进中国与欧美国家经济贸易和货物往来的基础上，更要逐步提升贸易质量和层次；大西洋南半球沿岸的拉美国家和非洲国家与中国的经济合作具有很强的互补优势，近年来也不断提升，尤其是能源合作领域引人瞩目。在这种情况下，大西洋对于中国外贸经济与能源安全的重要性不言而喻。此外，作为“一带一路”倡议陆上和海上的终点，进一步深化与大西洋国家的经济贸易发展，有利于形成中国经略大西洋的“压舱石”，即经济上的相互依赖有利于避免冲突和摩擦的产生。

其次，在海洋秩序维护方面，中国要推动海上力量与欧美在海上相遇机制和危机管控方面的沟通，加强在非传统安全领域内的合作。尽管我国的大西洋战略布局是执行和平与发展使命，但由于途经美国、俄罗斯、西欧等大国间博弈的敏感地带，可能无法避免相关国家对中国战略意图的各种揣度，因此管控风险、避免冲突，并与周边大国建立战略互信关系是中国面临的重要任务。同时，中国可在应对

---

① 马朝林. 论太平洋时代的大西洋关系：以国际关系理论为综合视角. 太平洋学报, 2013, 21(5):33−39.

海盗、自然灾害等非传统安全问题和维护海上航行自由等“非战争军事行动”方面发挥自身作用，在为其他国家提供安全保障与航行便利的同时，提升区域影响力，这既是加强自身存在的温和手段，也有利于降低国际社会和相关国家的怀疑和猜测。中国应在自身条件允许的情况下，加强与大西洋国家的沟通与合作，发挥各自优势，努力实现海上合作的双赢；可适时回应欧美国家期望，加强与其海军之间的交流与合作，参加旨在维护海洋秩序的联合军事演习。总之，在提升中国海上力量形象的同时，间接提升中国海军应战与应变能力。

最后，在科考与资源开发保护方面，中国可加强与欧盟、拉美和非洲国家在大西洋海域科学考察及资源勘探与开发等活动中的合作。2011年欧盟委员会通过的大西洋战略显示了欧盟在大西洋的资源需求，其大西洋战略仍注重现实利益的获取[①]，尽管如此，欧盟委员会提出的整合大西洋区域海洋经济的计划仍在可持续发展的前提上推进；2013年5月24日，欧盟、美国和加拿大三方达成合作协议，启动研究大西洋的三方合作科研联盟[②]，该联盟特别关注相关的气候变化，这为中国面对日益严重的全球气候变化和海洋酸化等环境安全问题提供了有益启示；通过与发达国家在海洋环境安全等方面进行合作，中国既能履行《联合国海洋法公约》缔约国责任的要求，也可主动承担国际责任。科考作为一种带有公益性质的海洋探索，是目前各国增进对大西洋了解的有力手段之一，可以促进中国与大西洋沿岸国家在海洋科技与创新上的国际合作，进一步探索在大西洋海底开发资源的可能[③]。但目前中国对国际海域的认知还相对较浅，尤其是大西洋海域，面对该海域广阔、丰富的自然资源，中国应进一步提升海洋科考调查勘探能力、拓展科考远航范围、增进对全球海洋的了解。目前拉美和非洲国家对中国的资金和技术援助需求都很强烈，这给中国经略大西洋提供了机遇，如大西洋东岸的安哥拉和西岸的委内瑞拉已经分别成为对中国出口石油最多的非洲和拉美国家，是中国独创的“石油换贷款”的重要合作对象，中国与其存在着巨大的合作潜力。对此，应适时创设机遇并加以利用。

---

① BAUM, J A C. European and North American Approaches to Organizations and Strategy Research: An Atlantic Divide? Not. Organization Science, 2014, 22:1663−1679.

② 胥苗苗. 欧盟大西洋战略的新现实主义. 中国船检, 2013, 7:32−33.

③ 胡波. 中国海权策. 北京：新华出版社, 2012.

六、结语

“查清中国海、探索四大洋、考察南北极”是中国海洋事业的宏伟构想，也是我国全球化海洋战略的重要基石。这几个宏伟目标大部分已初步实现，但在各国围绕航路安全、海岛主权及海底资源的海洋战略竞争日益激烈的背景下，中国在经略大西洋方面仍相对薄弱[①]。随着中国综合实力的增强和对海洋重视程度的提高，大西洋的重要性不容忽视。借助“21世纪海上丝绸之路”西进的发展方向，中国应将自身力量继续向西拓展至大西洋，不断与大西洋沿岸国家和地区深化国际经贸、科考和资源开发合作，积极参与并推动大西洋国际体系秩序建设，将有利于加速推进海洋强国建设，并产生长远的战略影响。

可以预见，“探索大西洋、拓展大西洋战略空间”将成为未来我国海洋事业的新机遇，构建积极稳健的大西洋海洋战略将成为我国从近海走向远洋、从区域化走向全球化、从亚洲走向世界的重要途径。

① 吉原恒淑. 红星照耀太平洋. 北京：社会科学文献出版社, 2014.

中国全球化海洋战略研究

刘大海　吕　尤　连晨超　刘芳明　于　莹

摘　要：制定全球化海洋战略不仅是我国海洋强国建设的重要举措，也是服务海洋经济全方位对外开放的实际需求，更是我国海洋事业发展的必然趋势。基于价值观的演变，开展中国全球化海洋战略的战略背景分析，并探讨了全球化海洋战略的内涵；从维护国家安全、促进经济和环境可持续发展、寻求外线突破和参与全球海洋治理等方面，深入论述了全球化海洋战略对中国的战略性意义；探索了中国全球化海洋战略在四大洋整体布局框架，并讨论了其战略目标及战略手段。最后，从战略理念、法律法规、机制体制、国际合作、科技支撑与海洋文化等角度提出对策建议。

关键词：全球化海洋战略；意义；布局；对策；全方位对外开放

一、引言

习近平总书记在2013 年9月和10 月分别提出建设“新丝绸之路经济带”和“21世纪海上丝绸之路”的合作倡议，赋予古老丝绸之路以崭新的全球化时代内涵。“一带一路”倡议构想具有全球视野的高度开放性，其不仅在地域和国别上开放，也在合作领域与项目上全方位开放，倡导的是全球各国自愿参与，遵循市场规律和商业规律，各方平等互利，共同推进。2016 年8月17 日，习近平总书记在推进“一带一路”建设工作座谈会上提出“必须树立全球视野，更加自觉地统筹国内国际两个大局，全面谋划全方位对外开放大战略，以更加积极主动的姿态走向世界。”这为我国未来的全球化发展指明了方向。

在海洋领域，我国首部专门规范国家管辖范围以外海洋开发活动的法律——《中华人民共和国深海海底区域资源勘探开发法》已于2016 年5月正式施行。这是我国“走出去”战略在海洋立法层面的突破，不仅代表着中国海洋权益边界逐渐全球化，更体现了中国参与全球海洋治理的决心，具有重大的里程碑式的意义。当前，我国海洋事业发展已经进入全球化时代，然而在全球海洋战略制定方面相对滞后，有必要尽早明确我国的全球海洋战略目标，并制定我国的全球化海洋战略。具体来说，有以下几个关键问题。

（1）当前中国是否需要发展全球化海洋战略?

（2）如果需要，中国应发展什么样的全球化海洋战略? 如何推进全球化海洋战略布局?

根据习近平总书记的相关指示精神和我国全方位对外开放的整体部署，中国的全球化海洋战略内涵应包括在管辖海域、公海和国际海底维护中国海洋权益，发展海洋经济，保障海洋安全，建设海洋生态文明，参与全球海洋治理，提供海洋公共产品等。本研究将基于以上进行论述，以期为我国海洋强国建设提供参考。

二、战略背景

论述全球化海洋战略，需要回顾历史背景并分析现实环境。

纵观历史，海洋的战略价值经历了3个明显的时代阶段：障碍之海时代、通道之海时代、国土之海时代[①]。第一阶段是大航海时代以前，由于海运水平和科技水平低下，各大陆地被海洋隔绝，海洋对于人类更多地起阻碍作用；第二阶段始于公元15 世纪，由于海上交通相比于陆上交通更为灵活、快速，控制海上交通线就等于获得了全球范围内的行动自由，西方强权国家在这个时代的竞争，本质上就是争夺制海权以保障本国的贸易安全和资源优势；1982 年《联合国海洋法公约》（以下简称《公约》）的通过标志着第三阶段的到来，在这一阶段，海洋资源开发的战略性意义更加凸显，许多沿海国家纷纷出台海洋战略，维护和拓展各自的海洋利益。同

① 王鼎杰. 海权认知代差下的中国海洋安全困境[C]//中国战略与管理研究会. 全球化世界新格局中的海洋突围. 海口：海南出版社，2015.

时，海洋作为一种公共资源，对国家间的海上合作意义显得愈加重要。

回顾中国，对海洋的认识存在“时代的错位”。作为陆地大国，历史上的中原王朝长期面临来自陆地边缘地带国家的威胁，也因此更多关注陆上威胁，陆权思想根深蒂固，对海洋利益的拓展持保守态度。改革开放后，特别是从20 世纪70 年代中期开始，中国的外交形势逐渐缓和，中国的陆上压力有所缓解，加上经济和科技水平的不断提升，中国才逐渐有能力开发、利用海洋，提升对海洋权益的重视程度。然而由于海洋开发时间较短，目前仍仅将全球海洋看做交通要道，把全球化海洋战略等同于争夺制海权，对海洋的理解还仅仅停留在海洋战略价值发展的第二阶段，这在本质上属于一种“时代的错位”，是认识论上的误区。

在学术界，针对全球化海洋战略这一命题，学者们其实早有研究。从必要性及意义层面，曹文振[①]提出中国国家实力的增强和安全利益的全球化要求中国逐步由近海防御和积极防御的战略转变为全球安全的海洋战略；林利民[②]认为全球化的发展使得传统地缘政治思维被更注重全球相互依存、相互合作的新态势取代，新的海洋战略要着重长远，注意全球布局；刘中民[③]则认为中国的海洋发展战略应当服务于国家大战略的多重战略需求，其中包括发展需求、主权需求和在全球范围内发挥相当影响力、发挥建设性作用的责任需求。此外，从内涵方面，杨震[④]提出了中国的海权战略应当包括国内和国际两个层次，国际上以全面参与国际海洋制度和海洋秩序的建设为根本目标，与他国和平共处，共享世界海洋资源，共担保护责任；张露[⑤]认为全球化时代中国海权应是自由通行权、资源开采权、规则制定权和秩序维护权的结合体；胡波[⑥]则提出中国海洋强国的三大权力目标应是地区性海上力量、国际海洋政治大国、世界海洋经济强国。其中，中国既要发展雄厚的海洋外交实力，能对地区和世界海洋事务及国际海洋秩序拥有强大的影响力，成为国际海洋政治大国；又要合理有效地利用各类海洋资源，成为世界海洋经济强国。

---

① 曹文振. 全球化时代的中美海洋地缘政治与战略[J]. 太平洋学报, 2010, 18(12):45−51.

② 林利民. 世界地缘政治新变局与中国的战略选择[J]. 现代国际关系, 2010(4):1−9.

③ 刘中民. 国际海洋形势变革背景下的中国海洋安全战略：一种框架性的研究[J]. 国际观察, 2011(3):1−9.

④ 杨震. 论后冷战时代的海权[D]. 上海：复旦大学, 2012.

⑤ 张露. 全球化时代的海权与中国海权[J]. 世界知识, 2011(16):13−13.

⑥ 胡波. 中国海洋强国的三大权力目标[J]. 太平洋学报, 2014, 22(3).

金永明[1]还明确提出近期、中期和远期战略目标，以实现我国由区域性海洋大国向世界性海洋大国的转型。

放眼天下，经济全球化推动新的经济格局和贸易规则的演变，而海洋是新的经济贸易格局形成的媒介。中国海洋发展正面临重要的全球化战略机遇期，有必要站在全局高度进行系统的研究与规划，世界发达国家在这方面的经验值得我们学习：美国于2004年前后先后公布了《21世纪海洋蓝图》和《美国海洋行动计划》，为21世纪美国的海洋事业发展描绘了新的蓝图；日本则于2007年通过了《海洋基本法》，加上2012年12月5日日本政府发布的《海洋基本计划大纲》，其海洋战略进一步法制化、制度化和明确化[2]。

展望未来，中国的全球化海洋战略应继续开发海洋、利用海洋、保护海洋、管控海洋，维护国家安全，发展海洋经济，同时坚持“和谐海洋”理念，积极向世界各国提供海洋公共产品，逐步在全球海洋治理体系中发挥更大作用，占据更重要地位。在过去的30 余年间，中国作为全球海洋治理体系的参与者、建设者、维护者受益匪浅，特别是地区性、国际性的海上合作，为中国经济发展创造良好条件。随着我国海洋综合国力的稳步上升和对海洋重视程度的日益增加，针对周边海洋形势日趋复杂的问题，应当在全球海洋治理体系内积极学习、掌握并灵活运用规则，发掘中国智慧、中国力量，推动全球海洋治理理念的创新发展，主导国际海洋规则制定，更加主动地参与塑造新型海洋治理体系。

三、战略意义

在全方位对外开放大战略背景下，当前中国是否需要发展全球化海洋战略? 从发展趋势来看，中国对海洋的依赖度正在不断增加，体现在海上交通运输、海洋资源开发、生态环境保护等各个领域，而全球化海洋战略对维护国家安全、促进经济和环境可持续发展，以及寻求海洋治理新途径都具有积极的战略意义。具体可以从以下几个方面展开论述。

---

① 金永明. 中国制定海洋发展战略的几点思考[J]. 国际观察, 2012(4):8−14.

② 林晓光. 当前日本海洋战略解析[C]//中国战略与管理研究会. 全球化世界新格局中的海洋突围. 海口：海南出版社, 2015.

（一）在安全层面，有利于维护不断发展扩大的海洋安全边界

随着人类进入新的空间大开发时代，海洋、太空、网络、极地等新兴领域的竞争性开发利用，既为人类开辟了无可估量的发展前景，也带来了前所未有的安全挑战。这些新兴领域与世界的发展进步息息相关，同时与中国和平发展紧密相连，影响国家综合安全，关乎民族复兴命运①。中共十八大报告首度将海洋安全提升至国家发展战略和安全战略层级；2015年颁布的《中华人民共和国国家安全法》指出：要坚持和平探索和利用外层空间、国际海底区域和极地，增强安全进出、科学考察、开发利用的能力，加强国际合作，维护我国在外层空间、国际海底区域和极地的活动、资产和其他利益的安全。海洋已成为我国国家安全的重要维度，关乎国家的生存与发展安全。

对于海洋强国而言，安全边界就是利益边界，中国的利益走到哪里，安全边界就得走到哪里②。改革开放以来，中国已经从一个封闭国家转变为一个开放的、全球性的国家。中国国家安全边界的扩展，是一个包括商船、贸易、投资和人员为载体的动态的、全球性的过程。而中国当前的困难是，安全边界扩展到全球，但还没有与之相对应的全球安全保障。

对比来看，美国为保证其国家安全，早在1986年就公开宣布，在战时要控制世界16个重要海上咽喉航道。美国国防部在2000年12月发表的《21世纪美国战略》中也提到："能否保卫美国领土、我们的公民和我们的经济繁荣，将取决于自由贸易和能否得到战略自然资源以及国际水上和空中通道"。保证海上战略交通安全是海权战略的一项基本内容，这对维护我国海上贸易安全和能源资源安全意义重大。

当前，我国外贸依存度保持在50%左右③，对外贸易90%的运输量通过海上完成，港口货物和集装箱吞吐量居世界第一位，商船航迹遍及世界160 多个国家和地区的1500多个港口，成为世界第一制造业大国和货物贸易国。此外，中国90%的进口铁矿石、原油等战略物资通过海运完成，能源安全显得格外重要。可以预见，海上安全对国家发展和稳定将起到越来越重要的作用。而发展中国全球化海洋战略，

① 田义伟，梅常伟. 中国军事智库发布年度战略评估报告[EB/OL]. (2014−06−18)[2017−01−09].http://news.xinhuanet.com/mil/2014-06/18/c_1111207858.htm.

② 张文木. 世界地缘政治中的中国国家安全利益分析[M]. 北京：中国社会科学出版社，2014.

③ 平亦凡. 商务部：我国外贸依存度在合理范围[EB/OL]. (2014−02−27)[2017−01−09].http://epaper.jinghua.cn/html/2014-02/27/content_67395.htm.

正是对全球范围内我国贸易和运输安全的有力保障，能够维护国家经济安全。

（二）在资源层面，有利于引领我国海洋开发走向深远海

中国海洋生态环境的总体情况是近海开发过度、深远海开发不足。主要表现为陆源污染物大量排放入海，近海局部区域开发过度，氮、磷等污染物排放居高不下，过度捕采导致生物多样性减少、渔业资源结构性恶化等问题。而深海拥有巨大的能源和资源储备，油气、多金属结核、富钴结壳、多金属硫化物、天然气水合物等新兴资源具有重要的科研价值与商业开发前景，是人类可持续发展的战略接替能源。随着科技的迅猛发展，特别是深海探测和开采技术的突破性进步，各国将可持续发展的重点投向海洋，尤其是国际海底区域。控制海洋、开发海洋、维护海洋权益具有了战略性色彩。当前，中国作为国际海底先驱投资者，已获得了7.5万平方千米的多金属结核矿区。但对国际海域的认知还比较欠缺，深远海开发水平低，整体尚处于起步阶段。发展全球化海洋战略，将有利于中国参与国际海底区域开发，更好地维护中国在国际海底区域的海洋权益，同时也是在战略层面更好地统筹近海与深远海的发展问题。

（三）在环保层面，有利于彰显保护全球海洋环境的决心

20世纪下半叶以来，海洋生态环境保护的重要性迅速提高，国际社会也建立了一套国际海洋环境保护制度，以保证各国在共同开发、利用和保护海洋环境方面承担相应的责任。

当前的新趋势是，各国不仅在本国管辖范围内颁布海洋保护法律，更瞄准了公海保护区（国家管辖范围以外的海洋保护区）的建设。澳大利亚、欧盟首先在2000年前后提出设立公海保护区以维护生物多样性[①]。自2006年起，美国先后建立了4个海洋保护区，已成为世界上拥有最大公海海洋保护区的国家。2016年8月26日，奥巴马政府宣布扩建夏威夷的一处国家海洋保护区，这将使该地区成为全球最大的海洋保护区。保护区的建设是一种低敏感、低成本的维权手段，具有双重特征：一方面为改善全球气候变化做出贡献；另一方面也可以维护国家自身海洋权益。发达国家已经利用严格的环境评价和保护标准限制发展中国家在海底进行开发活动的权

① 姜丽，桂静，罗婷婷，等. 公海保护区问题初探[J]. 海洋开发与管理，2013, 30(9):6−10.

利，并通过划定海洋保护区和禁渔区变相扩大管辖海域面积，对此我国应当引起足够重视[①]。

中国作为一个负责任大国，既应当在联合国海洋事务框架内尽到环境保护的义务，又要最大限度地维护我国在公海的权益。面向未来，中国应积极参与国际海洋环境保护相关标准的制定，适时推出全球海洋生态治理新规则，以环境保护来推动全球合作。同时借鉴发达国家海洋保护区建设的经验，对有典型性和代表性的深远海地区进行保护区选划和建设[②]。

（四）在战略层面，有利于突破他国对我国的围堵和岛链封锁

近年来，面对美国的“亚太再平衡”战略及其与盟友对中国进行的岛链封锁，中国海上维权面临着日益复杂的形势。全球化海洋战略不仅有利于中国突破围堵，有效处理和解决问题，消除海上安全不稳定因素，还可以促使中国在全球范围内与霸权国家公平竞争。例如，发展以“21世纪海上丝绸之路”为代表的海洋战略不仅是中国牵制美国“亚太再平衡”战略的重要举措，也是平衡大陆外交与海洋外交、开展全球大国外交与周边外交的具体载体。又如，大西洋作为欧美国家的腹地对其具有不可替代的重要意义，面对海上竞争的加剧，中国经略大西洋就具有了着眼全局的战略意义。

同时，应当认识到，现代的海洋是世界的海洋，是开放性的海洋。海洋的流动性和连通性决定了海洋发展比陆地发展更开放、包容，当今任何国家都不可能“一家独大”[③]。中国的海权内涵决定了中国的全球化海洋战略不会、也不可能是霸权性质的，中国的海洋发展也需依靠各国共同营造的安全的海上环境。中国全球化海洋战略的制定将有利于在世界多极化这一全球历史进程中明确表达政治意愿，为全球合作提供更多的可能性和灵活性[④]。

---

①③ 吴雨洪. 人民日报：中国当前对海洋掌控力与大国地位不称[EB/OL]. (2014-08-27)[2017-01-09]. http://news.ifeng.com/a/20140827/41747271_0.shtml.

② 于莹，刘大海，刘芳明，等. 美国最新海洋(海岛)保护区动态及趋势分析[J]. 海洋开发与管理, 2015, 32(2):1-4.

④ 柯林斯·埃里克森，戈尔茨坦，等. 中国能源战略对海洋政策的影响：China's energy strategy: the impact on Beijing's maritime policies[M]. 北京:海洋出版社, 2015.

（五）在治理层面，有利于深度参与全球海洋治理

目前，在我国管辖海域内的海上维权和综合执法活动已经做到常态化，但我国的紧追权和登临权等既定内容很难实现强有力的有效监管，维护国家海上安全和治安秩序、处置海上突发事件和紧急情况等都亟待国家制定相关的规范和措施，实现稳定有序的长效机制。《公约》赋予了打击海盗和走私毒品的超普遍管辖权，这为中国在未来走出专属经济区、走向公海提供了良好的法理依据。海军、海警等海上力量可依靠超普遍管辖权走出专属经济区，走向大洋。这就需要中国既要管护好自己的海上边界，又要注重打击海上走私、偷渡、贩毒等违法犯罪活动，维护好海上安全和治安秩序。例如，中国派遣军舰到亚丁湾护航，与美国、欧盟等一起合作为各国商船保驾护航，都是在维护公海的秩序，提供公共服务产品。

因此，全球化海洋战略应当包含在领海、管辖海域和公海维护中国的海洋权益，同时提供有效的海洋公共产品。这将有利于中国履行国际公约赋予的相关权利，在公海区域的非传统安全领域积极作为，深度参与全球海洋治理，体现我国维护公海秩序的大国担当。

四、全球战略布局

当前，中国的全球化海洋战略布局应当按照太平洋、印度洋、大西洋和北冰洋4个方面进行战略规划，可就四大洋的战略目标及手段进行分析。

地缘因素决定了太平洋对中国而言将始终是重中之重。基于当前太平洋地缘政治格局以及经济、军事实力强弱分布，中国当前在太平洋的战略目标应是：致力于妥善处理台湾问题和东海及南海争端，坚决维护中国的核心利益；维持中美大国外交，以及中日、中国-东盟等周边外交整体和平稳定，避免武力冲突，争取合作共赢；根据安全需要，逐步提升远海护卫能力。总体而言，中国的太平洋战略选择和外交方略是以和平和共赢的方式与周边各国展开合作，共同开发利用太平洋，构建和平稳定的太平洋秩序，促进环太平洋地区的共同发展与繁荣。为达到以上战略目标，中国要采取综合手段。习近平总书记提出推进中国新一轮对外开放，把国内发展与国际合作两个大局更好地统筹起来，是实现与太平洋及整个亚洲国家合作共赢的重大战略；同时，继续推进“新型大国关系”建设和“亲、诚、惠、容”的周

边外交政策，应成为中国与太平洋周边国家发展关系的指导方针。在安全领域，在战略博弈的敏感区域，在能力上已经形成了一定的作战优势[①]。基于中国反舰弹道导弹和巡航导弹等技术的进步，中国海军已经有信心在第一岛链内对美国形成有效拒止，并且增强在第二岛链内的影响[②]。这些进步都得益于自海湾战争以来中国稳固推进自身的国防力量建设。为确保中国的国家安全和核心利益，中国应进一步稳步推进国防建设，推进海上作战平台建设和陆基反舰能力提升，并发展公务船只力量，以保障海上维权与执法的进行。

有学者认为，“印度洋将成为21 世纪世界的中心”[③]。随着世界多极化和经济一体化进程日益深入，印度洋将成为美国、中国、印度等大国权力博弈场所，该地区机遇与挑战并存。中国对全球资源和海上贸易的依赖，使印度洋对当前中国的重要性仅次于太平洋。一些外国学者认为，中国在保证了太平洋近海安全之后不会再向东扩张，而是向南和西南方向推进[④]。中国海军开始在索马里海域进行护航任务标志着中国的军事力量正式进入印度洋，而近年来中国以港口建设等形式与印度洋国家开展的合作，也有效提升了中国在印度洋的影响力[⑤]。中国在印度洋的战略目标应是：推进“一带一路”在南亚和印度洋的建设，确保海上航线与通道安全，保障中国能源安全，深化与印度洋沿岸及岛国的合作；维持中印关系整体和平稳定，争取中印这两个人口大国、发展中大国深化合作；稳步并不失审慎地提升中国在印度洋的经济、军事存在及影响力。印度对中国介入印度洋有着更深的警惕和怀疑，不仅担忧中国在沿海打造由一系列港口构成的“珍珠链”，更担心中国自北向南来自陆上的威胁[⑥]。由于该地区主导力量美国和印度对中国都存在敌视和遏制，为达到以上战略目标，中国需要提出更加积极、全面的印度洋战略。中国要制定应急方

---

① HEGINBOTHAM E, NIXON M, MORGAN F E, etal. The U. S. China military scorecard: forces, geography, and theevolving balance of power, 1996-2017[J]. Foreign Affairs, 2015, 95.

② 吉原恒淑. 红星照耀太平洋[M]. 北京：社会科学文献出版社, 2014.

③ 罗伯特 · D. 卡普兰. 季风：印度洋与美国权力的未来[M]. 吴兆礼, 毛悦, 译. 北京：社会科学文献出版社, 2013.

④ HOLMES J R, YOSHIHARA T. China’s Naval Ambitions in the Indian Ocean[J]. Journal of Strategic Studies, 2008, 31(3):367−394.

⑤ BREWSTER D. India and China at sea: a contest of status and legitimacy in the Indian Ocean[J].Asia Policy, 2016, 22.

⑥ 莫汉, 朱宪超, 张玉梅. 中印海洋大战略：Samudra manthan sino-indian rivalry in the indo-pacific[M]. 北京：中国民主法制出版社, 2014.

案，切实维护中国在印度洋的海洋通道安全；加强与印度的沟通，努力降低印度对华敌对情绪，将中巴关系作为制衡印度的手段，而不使其成为中印关系的负担；利用好“一带一路”倡议，以项目合作为主要推动力，加强与南亚、中亚国家经济合作；对外加强与印度洋国家公路、铁路、港口和机场等基础设施的互联互通，对内加强贯通域外的沿海、沿江、沿线、沿边基础设施互联互通，重点推进与印度洋国家的港口合作建设，共建共用，努力获得永久进驻合法权。

经略大西洋是我国海洋战略从区域化走向全球化的必然趋势。近期，葡萄牙国际关系研究所的Raquel Vaz Pinto就曾提出，立足于大西洋中部符合中国的利益，也有助于提升其在该地区的影响力①。前五角大楼官员、现就职于美国企业研究机构的迈克尔·鲁宾明确提出中国应该在大西洋中部建立后勤基地②。中国在大西洋的战略目标应是：努力维持与欧美国家的关系稳定并深化合作，探索与拉美及西非国家的合作往来；审慎、稳步提升中国在大西洋的海洋力量存在，维护海外中国公民及财产的安全；提升中国在海洋科技、环保等领域的调查、勘探能力③。为实现以上目标，经济与贸易合作、海洋秩序维护、科考与资源开发保护是中国大西洋战略的优先选项。通过双边海上经济区域影响力。中国要加强与欧盟、拉美和非洲国家在大西洋海域科学考察及资源勘探与开发等的合作，既要履行《公约》缔约国的义务，也要主动承担国际责任。

随着全球气候变暖和北极冰盖的消融，北极航道因具有航道环境安全性高、航运周期短、航行条件好等优势，在世界航运格局中的地位日渐凸显。近年来，我国已经开始关注并对全球气候变化以及北极航道通航的相关内容进行了一定研究。此外，北极海冰的消融也深刻影响着包括中国在内的世界气候与环境变化。基于以上，当前中国在北冰洋的战略目标应是：重视北极的科学研究、航运、资源开发等方面的重大价值，加强中国对北极地区的资源禀赋、地理地形等方面数据的掌握，并由此提升中国在北极地区的话语权及影响力。现阶段，由于中国并非环北极国家之一，北极战略应主要以增强科学考察为主。我国在北极航道资源开发利用的相关

① 任梅子. 特塞拉岛与中国？美媒：美忧中国军事触角伸向大西洋中部[EB/OL]. (2016−09−30)[2017−01−09].http://world.huanqiu.com/exclusive/2016−09/9506324.html.

② 伯恩斯坦，芒罗，潘忠岐. 即将到来的美中冲突[M]. 北京：新华出版社，1997.

③ 刘大海，连晨超，刘芳明，等. 关于中国大西洋海洋战略布局的几点思考[J]. 海洋开发与管理，2016，33(5):3−7.

事务上取得的进展，为我国北冰洋战略的实施奠定了良好的基础，尤其是2013 年5月，我国成为北极理事会正式观察员国，这是我国极地事务的一项重大进展。中国要进一步增强在北极地区的科考站建设，并且定期、常态化派遣先进的科考船及科学家到北冰洋地区进行研究工作，增强对北冰洋海域的海面航道、海底资源与地形、气候变化等方面的数据信息掌握。

五、对策与建议

2015 年，中国共产党第十八届中央委员会第五次全体会议研究了“十三五”期间我国发展的一系列重大问题，并提出“拓展蓝色经济空间。坚持陆海统筹，壮大海洋经济，科学开发海洋资源，保护海洋生态环境，维护我国海洋权益，建设海洋强国”。围绕这几个方面，本研究对中国发展全球化海洋战略提出几点建议。

（一）认清自身海洋禀赋，明晰海权战略理念

由于“它的目标同美国的利益势必冲突”，他们认为中国海权的发展构成了可能诱发美中冲突的因素。但这种分析忽略了中国海权发展的特殊性，特别是中国海权的特性在于国家统一的进程和追求海权的过程相统一，钓鱼岛争端、南海问题、台湾问题等从根本上说是维护国家主权，并不是为了追求海上霸权。

中国作为典型的陆海复合型国家（濒临开放性海洋且背靠较少自然障碍陆地的国家），在进行海洋转型时需要对发展海权的战略目标及自身海洋禀赋有明确的认识[①]，否则会加剧对外关系的紧张。德国“一战”的历史教训在100年后仍在警示人们：不能先建立海军，再谋划其战略，最重要的是不能失去“分寸感”[②]。美国的霸权主义要求军事上对海权进行排他性垄断，因而中国在发展全球化海洋战略、维护海洋利益的过程中不可避免地与海上霸权产生冲突。但中国自身需要明确的是，中国的海洋战略不是基于国家的推力，而是商业利益形成后国家介入形成保护这些涉海商业利益的拉力。在对待海权时，中国采取的是灵活又不缺乏意志力的政策，中国不应、也不会重蹈德意志的覆辙。因而对于海洋事务，中国应该坚持和平利

① 吴征宇. 论陆海复合型国家的战略地位——理论机理与政策选择[J]. 教学与研究, 2010, 07:65−71.

② 吴征宇.《克劳备忘录》与英德对抗[M]. 桂林：广西师范大学出版社, 2014.

用、和谐共处的海洋资源理念，中国的战略目标应当是保卫合法的政治利益和经济利益，提升国际海洋制度的话语权。

（二）完善相关法律法规，形成明确战略部署

完善涉及海洋方面的法律法规是中国建设法治社会的体现，对内有助于明确各方权责、理顺管理体制，对外有助于在维权的过程中确立明确的法律规范。建立全球化海洋战略要求中国加强研究争端解决程序，以更好地在海洋争端诉讼中争取主动权。南海仲裁案的结束为中国海洋立法提供了契机，应进一步推进国内相关海洋法的立法和修订，注意建立危机管控机制，防止战略猜疑不断升级；同时应积极推动《公约》的修改和完善。此外，中国目前还没有《海洋基本法》，很多海洋政策也没有以法律的形式确定下来[①]。建议尽快完善法律法规，建立海洋基本法体系。

2016年8月1日，最高人民法院公布《最高人民法院关于审理发生在我国管辖海域相关案件若干问题的规定》（涉海司法解释），结合当前维护海洋权益的实际需要，进一步彰显了我国海上司法主权，统一涉海案件裁判尺度，为维护我国的领土主权和海洋权益提供制度支撑。这一司法解释是一个很好的开端，体现了中国不断拓展创新法律手段，以充分保障维权的法律正当性。

（三）建立综合管理体制，提高海洋管控能力

1992 年联合国环境与发展大会通过的《21 世纪议程》指出，“每个沿海国家都应考虑建立，或在必要时加强适当的协调机制，在地方层面和国家层面，对沿海和远海区域及其资源实施综合管理，实现可持续发展”。长期以来，各国都受到分散管理体制的困扰。而美国在海洋管理体制方面走在世界前列，有许多值得中国学习的经验。美国海洋管理工作虽然分散在各职能部门，但设有专职的海洋管理机构（美国国家海洋与大气管理局）和高级别的全国海洋工作协调机构（海洋政策委员会），并且注重立法强化，不断出台政策加强现有联邦涉海机构的职责，强化海洋执法队伍（海岸警卫队）建设。在海洋环境保护方面，美国还特别探索出了一条以生态系统为基础的管理原则，即“海洋资源管理应反映所有生态系统组成部分之间

① 刘洪滨，刘振，王青，等. 中国海洋战略构建探析[J]. 科技促进发展，2013(5):51−56.

的关系，包括人类与其他物种的关系以及其他物种的生存环境需求”[①]，这种基于生态系统的视角，而非纯粹行政边界的划分依据值得中国学习。

全球化海洋战略的重要支撑之一就是对高层次管理部门的协调，但目前中国还没有一个单一的机构可以行使这个职责。国家海洋战略的制定涉及国家海洋行政管理体制的改革，需要有“顶层设计”[②]。2013年，国务院对国家海洋局进行了重组，设立了国家海洋委员会，具体工作由国家海洋局来承担。可以说，我国的海上综合管理正在稳步推进，但仍需进一步完善。

（四）积极开展国际合作，共同维护海运安全

事实上，当前对海运安全造成最大威胁的是非传统安全因素，特别是海盗、海上恐怖主义和气象灾害。研究表明，目前全球的五大“恐怖水域”（西非、东非索马里沿岸、红海和亚丁湾一带、孟加拉湾沿岸、马六甲海峡和整个东南亚水域），都是我国远洋航行的必经之地。随着中国国际义务和责任的增加，我国也亟须提高海军的远洋投送能力，以便输送救援和人道主义力量，执行反恐和反海盗任务。因此，中国可以与美国在东南亚地区就打击海盗和恐怖主义、海上救援与医疗等方面进行积极合作，这必将有利于加强中美两国在安全领域的信任。中国海军参与合作性的“非战争军事行动”不仅可以在非战争时期有效提升海军部队的危机应对能力和作战能力，还可以增强不同部门、不同舰船之间的协调能力。并且，随着东南亚和韩国、日本等国近年来显著增强其海军能力，中国采取强调共同经济利益和政治对话的对策，在某些场合下比扩大海军力量更能有效保护海洋公域，还能打消该地区某些国家的疑虑，避免东南亚地区成为大国较量的新战场。

（五）发展海洋科技能力，支撑海洋强国建设

海洋强国的建设需要有发达的海洋经济、完善的海洋产业体系、高端的科考技术装备等，而这些都需要科技的支撑和突破。例如，美国在1986年的《全球海洋科学计划》中就把海洋科技的提升制定为全球战略目标；此外，2004年通过《21世纪海洋蓝图》其中明确指出，“重视海洋科学技术，不仅需要大幅度增加经费，还需

① 何欣荣，张旭东，王俊禄.中国海洋开发存六不足全球化竞争催生新海洋战略[EB/OL].(2013−11−05)[2017−01−09]. http://www.chinanews.com/gn/2013/11-05/5462747.shtml.

② 杨培举. 海洋战略与顶层设计[J]. 中国船检, 2013(4):6−10.

要改进战略规划工作，发展技术与基础设施，研究开发新技术，让试验性技术尽快向业务应用方向转化”[①]。日本也十分重视海洋科技发展，尤其是海洋调查船和海洋观测仪器等设施和技术，均位于世界前列。此外，由于日本采取官、产、学一体化的联合开发体系，得到了政府、企业和科研机构、大学的大力支持，形成了具有很强竞争力的研究开发体系。由于我国现阶段海洋资源开发能力不足，海洋装备相对落后，加之缺乏关键技术的支撑，距离海洋强国还有一段距离。海洋地质学家、中科院院士汪品先指出，发展海洋经济要求决策层有远见，提出跨任期的目标；另外要整合资源，设立一个综合、立体的国家级深海大洋创新体系，以整合海洋界现有的人力与物力。随着我国《“十三五”国家科技创新规划》的颁布，海洋科技创新的发展迎来重大机遇，要争取在战略总体规划、调查研究、促进科技成果转化应用和产业培育等方面实现突破。

（六）增强全民海洋意识，发展现代海洋文化

当前，许多发达国家格外重视海洋知识和意识的普及，也取得了一定成果。比如美国在其《海洋行动计划》中，明确提出将“促进海洋的终生教育”作为21世纪国民意识建设的重要政策。英国特别强调让利益相关者参与海洋决策与管理，提高决策的科学性和民主性。《英国海洋法》中许多内容都与信息公开、决策透明、鼓励公众参与有关。日本、韩国都在21世纪初制定了海洋战略规划，其中日本将产业界、学术界和政府联合起来，在小学、初中和高中开设海洋教育课程，而韩国则涉及各个层次的海洋教育、开拓海洋科技培训渠道、在公民中开展持久的新海洋观教育等内容。

国家海洋局于2016年3月8日印发《提升海洋强国软实力——全民海洋意识宣传教育和文化建设“十三五”规划》，提出“到2020年我国将初步建成全方位、多层次、宽领域的全民海洋意识宣传教育和文化建设体系，紧紧围绕海洋强国和21世纪海上丝绸之路建设。以增强公众海洋意识、弘扬海洋文化、提升海洋强国软实力为核心，全面打造海洋新闻宣传、海洋意识教育和海洋文化建设三大业务体系”[②]。

---

① 李双建. 主要沿海国家的海洋战略研究[M]. 北京：海洋出版社，2014.

② 中国证券网.五部委发文提升“十三五”期间海洋强国软实力[EB/OL].(2016-03-08)[2017-01-09]. http://finance.ifeng.com/a/20160308/14256964_0.shtml.

该规划的实施将有利于营造全民关注海洋的良好氛围，增强全民的海洋权益意识。

六、结语

21世纪是海洋的世纪，随着海上丝绸之路战略的稳步推进，“通过和平、发展、合作、共赢方式，扎实推进海洋强国建设”将成为未来发展的主旋律。中国需要牢牢把握住这一战略机遇期，推动我国海洋战略从区域化走向全球化[①]，关心海洋、认识海洋、经略海洋，推动我国海洋强国建设不断前进。历史上的中国曾有过因闭关锁国而导致的惨痛回忆。在全方位对外开放的大战略背景下，现代中国更应当解放思想，重塑现代海洋精神，围绕战略、思想、文化、法律、管理、国际合作和科技创新等各个方面为海洋强国建设提供动力和保障。

---

① 刘大海，连晨超，吕尤，等. 经略大西洋:从区域化到全球化海洋战略[J]. 海洋开发与管理，2016，33(8):3−7.

“一带一路”海上战略支点的建设模式及其政策与法律风险探析

刘大海　王艺潼　刘芳明　于　莹　连晨超　徐　孟

摘　要：“一带一路”和海洋强国建设目标的提出，标志着海洋利益在国家核心利益中的地位不断提升，维护海洋权益、促进海洋合作、保障海洋安全已经成为国家发展的重要战略目标。海上战略支点的建设，尤其是以海外港口为依托对海上战略支点进行投资、建设、经营是实现上述目标的必要途径。在建设过程中，海外港口的投资进入模式是海上战略支点建设模式的基础与核心，应当对其中主要的建设模式进行深入分析，并根据各个模式的优势特点，结合投资地的实际进行选择。同时，随着建设海上战略支点的战略意义逐步提升，其面临的东道国政策法律风险的挑战也不断增加。因此，有必要对建设过程中可能产生的政策法律风险加以分析，并从主要建设模式入手，探究政策法律风险对选择海上战略支点建设模式的影响。国家应在“一带一路”的背景下，在统筹兼顾企业利益与国家战略的基础上进行建设模式的选择，采取积极措施，提高规避政策法律风险的能力，保障海上战略支点的平稳建设，以促进海洋合作，维护海洋权益。

关键词：“一带一路”；海上战略支点；海外港口；建设模式；政策法律风险

一、引言

2012年，中共十八大报告提出建设海洋强国的战略目标，标志着维护海洋权益作为国家核心利益的重要组成部分，在内政外交政策中的重要地位得到进一步提升。在未来一段时期，中国将采取更为广泛的"战略经济"手段，而"一带一路"正是其中的重要组成部分[①]。2015年3月28日，国家发展改革委、外交部、商务部联合发布的《推动共建丝绸之路经济带和21世纪海上丝绸之路的愿景与行动》再次强调，要围绕建设海洋强国目标，重点推进基础设施建设，积极促进海上合作。建设海上战略支点，选择重要的海外商港、渔港进行深度投资建设，以多元化方式获取经营权，不仅能够强化国家间双边多边合作、维护海洋权益，还能为中国提供全方位的海外综合服务保障。

海上战略支点主要指位居中国领海之外的，对中国海洋强国战略和国际化发展网络起到咽喉中枢作用的关键节点与通道[②]。海上战略支点的建设包括主要枢纽港口的经营、重点航运通道的安全维护、仓储物流业务的管理等，而海上战略支点的建设模式则是指国家针对港口、航道等支点开展战略性投资进入的制度安排模式。海外港口作为国际航运的中转站和基础设施互联互通的重要节点，是建设海上战略支点的平台和纽带。随着"一带一路"倡议的推进，海外港口的多元化投资进入模式从广度到深度都得到了进一步拓展，成为海上战略支点建设模式的重要基础和核心内容。机遇的增加同时伴随着风险的来临，海外港口的海上战略支点在投资、建设、运营的过程中，因国家政策改变、法律矛盾冲突而出现的政治和经济利益损失，是我国企业必将面临的风险。因此，在解读"一带一路"海上战略支点建设模式的基础上，应重点研究海外港口投资建设的具体投资进入模式及其可能面临的政策、法律风险，总结风险对海上战略支点构建模式选择的影响，进而为推动多元的、广泛的、开放的海上务实合作提供政策支持[③④]。

① 国家发展改革委、外交部、商务部联合发布. 推动共建丝绸之路经济带和21世纪海上丝绸之路的愿景与行动. 城市规划通讯, 2015, 7:1–2.

②④ 王成金. 基于航运网络的国际海上战略支点选择与进入模式. 2015年中国地理学会经济地理专业委员会学术研讨会论文摘要集. 2015:1.

③ 刘赐贵. 发展海洋合作伙伴关系　推进21世纪海上丝绸之路建设的若干思考. 国际问题研究, 2014, 4:1–8.

二、海上战略支点建设概况

（一）建设海上战略支点的意义及重点

地缘政治受经济中心与资源分布及其之间交通线路的影响，因此海上战略支点作为在海外的固定补给提供点、休整点以及船舶航空器靠泊修理点，对维护海上运输安全、促进海上务实合作、实现海洋强国战略具有至关重要的作用。一方面，以传统双边多边经贸往来为主的合作方式难以继续维护中国的海洋权益，海上力量现代化面临着从近海防御到远海作战的战略目标转型，亟须新型对外合作形式的支撑。另一方面，建设海上战略支点的空间布局与“一带一路”的实现路径和路线设计不谋而合，为互联互通和海上合作提供了更加广阔的平台[①②]。在关键海域沿岸建设海上战略支点不仅加强了与相关国家的经济、政治合作，也为实现中国与相关国家的共同发展、共同繁荣提供了更多的战略资源和保障。

作为实现海洋强国战略和海上合作的必要途径，海上战略支点的投资、建设、经营主要集中在枢纽港、重要航道和仓储物流业务等方面。其中，海外港口作为海洋战略的重要支点和关键节点，在保证国际运输通道通畅、安全、高效等方面发挥着无可替代的作用。选取海外战略性港口，通过投资、建设、租用等多种方式获得港口经营权，以经济合作为基础，充分利用所在国经济资源建立自由贸易区、经济开发区，逐步使这些战略性港口具有提供后勤补给的能力，从而为海洋利益的拓展提供多层次全方位的保障。因此，海上战略支点的建设应当以海外港口为载体，落实到海外港口的投资建设层面，重点关注海外港口的核心建设模式以及可能面临的政策、法律风险。

（二）以海外港口为依托建设海上战略支点的现状及挑战

21世纪初，国内港航企业和码头运营商投资的海外港口初具规模，至2013年提出“一带一路”建设框架，中国企业的身影已遍布国际重要港口，海上战略支点的国际空间布局已成雏形。从国内重点港口运营企业对外投资形势来看，中远集团、

---

① 刘赐贵. 发展海洋合作伙伴关系　推进21世纪海上丝绸之路建设的若干思考. 国际问题研究, 2014, 4:1−8.

② 张洁. 海上通道安全与中国战略支点的构建——兼谈21世纪海上丝绸之路建设的安全考量. 国际安全研究, 2015, 2:106.

中海集团、招商局国际有限公司和上港集团等国内港航企业中的佼佼者，在巩固国内港口市场地位的同时，借助全球航运网络，扩大了在海外港口的投资，正在稳步开展国际化港口投资战略[①]。从国际战略性港口的投资空间布局来看，新加坡港、比利时安特卫普港、荷兰鹿特丹港、意大利港、希腊比雷埃夫斯港、斯里兰卡科伦坡港、吉布提港、以色列港等10余个港口码头均有中国企业的资本注入和经营权的管控，这一空间格局的分布与"21世纪海上丝绸之路"的路线设计相契合。从投资进入模式来看，国内企业在海外港口中的投资方式灵活多样，主要包括共建合资企业、兼收并购当地企业、承包建设或获取特许经营权等，企业通常根据不同的空间区位选择或结合多种不同的投资模式，以充分利用资源优势，最大限度地保障国家海洋权益。

海外港口的投资建设已不再局限于国内企业的跨国投资领域，其作为"一带一路"的重要布局已被赋予战略性和长期性意义，其重要性在不断提高的同时却也伴随着风险的增加。港口项目经营期间跨度和效益回收周期比较长，有赖于所在国政策的稳定和法制的完善。随着时间的推移和多种不确定性因素的积累，海外港口的营运必然面临多重政策、法律风险的挑战。2015年年初，希腊政府进行大选，产生的新政府立即宣布叫停了比雷埃夫斯港的私有化计划，使得中远投资该港的计划暂时搁浅[②]。虽然经过谈判协商希腊重启港口私有化，但这一事件表明港口所在国的政策改变与法律变动将会对海上战略支点的稳定建设构成严峻挑战。

三、基于海外港口投资的海上战略支点建设模式

战略性海外港口的投资进入模式是海上战略支点建设模式的基础与核心，其具体模式的选择必须在考虑国内企业商业经济利益的同时，兼顾"一带一路"建设和海洋战略的空间布局。因此，海外港口的投资进入模式应以商业利用港口为核心，力求多元化，具体包括建立合资企业、兼收并购、长期租赁和获取特许经营权等主

① 张洁. 海上通道安全与中国战略支点的构建——兼谈21世纪海上丝绸之路建设的安全考量. 国际安全研究, 2015, 2:106.

② 刘沁源. 从中远比雷埃夫斯港看海外投资港风险规避. http://www. cnss. com. cn/html/2014/li. uqinyuan_0716/155187. html.

要方式。

（一）海上战略支点的主要建设模式

通过梳理国内港航企业的海外投资、建设经验可以看出，目前建设海上战略支点的常用模式主要有以下几种。

1. 合资模式

国内码头运营商与东道国港口企业以共同投资组建企业的方式进入国际市场是建设海上战略支点中最为常见的一种模式。合资双方共同经营管理，共担盈亏风险，由合资公司负责建设、租赁、经营和管理当地港口[①]。汉班托塔港的二期工程就是由招商局国际及中国港湾工程（统称中国合营企业）与斯里兰卡港务局（SLPA）建立合资企业进行投资，中国合营企业将拥有项目公司64.98%的最终股权[②]。

2. 并购模式

以兼收并购的方式开展海上战略支点的建设，正逐渐成为中资企业获取海外港口垄断经营权的重点方式。其主要包括兼并正在经营的海外港口码头企业，收购已有的港口运营商的部分或全部股份，或收购港口码头的经营权。2013年1月，中国招商局国际有限公司与吉布提港口和自由贸易区管理局签订协议，以1.85亿美元收购吉布提港口23.5%的股份，获得吉布提港的营运权[③]。

3. 长期租赁模式

长期租赁海外港口是非股权参与港口投资的方式之一，港口产权仍归东道国所有，投资方以租赁的方式获得港口使用权和经营权，并且必须承担企业运营的商业风险和进行必要的设备维护，由港口当局收取使用费用。对于中国投资方来说，通过租赁获得港口的营运权有利于减少交易成本，推进海上战略支点空间布局一体化的实现。2015年9月，中国以长期租赁的方式获得巴基斯坦瓜达尔港133公顷

① 赵莉楠. 港口企业海外投资码头区位选择与进入模式研究. 大连：大连海事大学, 2010.

② 新浪财经. 招商局签约拓汉班托塔港项目二期. http://finance. sina. com. cn/stock/hkstock/ggscyd/20140917/111420316837. shtml.

③ 蒋伊晋. “一路一带”战略将推动中外新型港口合作. 南方都市报：http://epaper. oeeee. com/ep. aper/A/html/2014−11/10/content_3341263. htm? div =−1.

（2000亩）土地43年的使用权，用于建设巴基斯坦（瓜达尔港）首个经济特区，对于海上丝绸之路在南亚的推进具有重大意义[①]。

4. 特许经营模式

获取海外港口的特许经营权同样是非股权参与海上战略支点建设的一种方式，是指港务局通过与海外投资者签订特许经营协议，出让在港口某一陆域建设、经营、管理的权利，并获得协议费用。投资方必须负担投资成本，承担商业风险，在特许经营期满时将相关财产归还东道国。中远太平洋获得的希腊比雷埃夫斯港2号码头及3号码头的经营权，是中资企业首次在国外获得的港口特许经营权[②]。

此外，建设海外战略支点的模式还包括在东道国建立独资企业的独资模式、签订BOT项目协议的BOT模式以及承包建设海外港口工程的承建模式等。

（二）主要建设模式要点分析

上述几种主要的海上战略支点建设模式特点鲜明，由于在东道国优惠政策的利用能力、海外港口经营权的控制能力、风险的应对能力等方面存在差异，各建设模式存在不同的优势。

在东道国优惠政策的利用能力方面，合资模式和并购模式优势较明显。由于有当地投资方的股权参与，合资和并购企业在投资国所面临的心理、政治障碍较小，有利于避免东道国政府没收、征用的政策风险，而且便于充分利用东道国仅针对本国企业的优惠政策。另外，因为港口本身具有很强的本地依赖性，所以并购当地港口企业可以充分利用其具有的政府资源优势、配套服务优势和客户资源优势。

在港口经营权的控制能力方面，合资、并购等股权参与模式能够直接赋予投资企业对海外港口的股权和经营权，对港口的控制程度较高。而长期租赁作为非股权参与方式的一种，虽然未持有股权，却控制企业的生产、技术和管理等关键环节；特许经营模式通常结合合资模式进行港口实际营运。因此，这两种模式中对东道国企业的实际控制权并没有降低。

在风险的应对能力方面，合资模式下股权及管理权处于分散状态，使得知识产

---

① 凤凰网. 中国获租巴基斯坦瓜达尔港133公顷（2000亩）土地为期43年. http://news. ifeng. com/a/20150909/44612924_0. shtml.

② 李娜. 论海外投资的法律风险及其防范. 武汉：华中师范大学, 2007.

权难以得到有效保护，不仅会给企业带来知识产权法律问题的困扰，也会对其投资经营业务的开展造成严重影响。而长期租赁和特许经营的期限较短，形式多样，资产营运更具有灵活性，赋予投资者更大的选择余地，相应承担的风险更小。

海外港口的投资进入模式多元化，国内港航企业在模式选择上具有灵活性，这为海上战略支点的建设提供了坚实基础和广泛平台，同时也凸显了建设模式选择的重要性。海上战略支点的构建作为"一带一路"互联互通和海上合作的重要一环，在其建设模式的选择上必然要考虑所在国国家政策和法律风险带来的影响，以避免无谓的损失。

四、建设海上战略支点面临的政策法律风险

"一带一路"致力于亚非欧大陆及相关海域的互联互通，在中国着力强化对外开放与合作，共享发展福利和成果的同时，国家之间由于政策改变和法律冲突而引起的风险也会逐步凸显。国家在进行海外港口投资建设的同时，必须切实了解并防范在投资、建设、营运的整个过程中可能产生的一系列政策法律风险，避免由于东道国国家政策的改变或投资者不熟悉东道国的法律规范而造成投资失利和财力浪费。

（一）政策法律风险分析

1. 国家政策风险

在海上战略支点的建设过程中，东道国国家可能会基于政策变迁等法律法规以外的其他因素，援用特别法律对投资企业进行特别监管，意在使海外投资行为受阻或失败。这类风险的产生往往难以预测且不可抗拒，具有较强的歧视性。

（1）国内政策不稳定。东道国国内政策环境的不稳定必然会给海上战略支点的建设带来严重的影响。政策沟通是"一带一路"的"五通"中最重要的一个方面，因此要谨防基础设施建设暗含的政策风险[①]。一旦东道国基于国家和社会公共利益的需要，对外资企业实行征收、征用、国有化等措施，国内港航企业将面临难

① 阎学通."一带一路"的核心是战略关系而非交通设施. http://ihl. cankaoxiaoxi. com/2015/0623/826925. shtml.

以求助于司法机关或仲裁机构，或者虽有裁决却无法实质执行的风险。

（2）行政自由裁量权过大。东道国通过在制定法律时赋予立法、行政机关比较大的自由裁量权，使得法律在具体适用时具有较大弹性，从而为以政治为目的而滥用自由裁量权提供了法律基础。国内企业在投资海外港口时若涉及东道国的某些利益，触发了法律未做明确界定的某种情况，可能会导致当地行政机构滥用自由裁量权采取限制性措施。

（3）临时修法。当现有法律不足以监管规制我国海上战略支点的投资建设时，东道国就有可能临时修订法律，以便对我国的投资进行有力的监控。行业立法的临时修订不仅更具不可预测性，使投资方根本无法预测到何时会发生法律上的变化，而且还能比一般性法律收到更直接有效的结果[①]。为此，我国企业在与外方签订投资协议时，应尽量规避临时修法带来的风险，并言明“法不溯往”的原则，压缩其临时修法的效果和可能性。

2. 一般法律风险

将具体的海外战略支点建设视为一种普通商业行为，若投资方违反了东道国的基本法律，东道国基于自身的法律制度必然会采取限制、处罚，甚至停止投资方商业行为的措施，从而带来一系列的政治经济损失。

（1）反垄断法律风险。基于海外港口的海上战略支点建设往往是以获取港口的垄断经营地位为目的，因而在投资建设的过程中必须谨防被东道国相关机构认定为存在垄断的嫌疑，否则东道国将会启动反垄断调查和反垄断措施，对投资行为进行严格控制，或采取征收反垄断税等限制资本投资范围的措施。

（2）劳动法律风险。国内港航企业在海上战略支点的建设过程中必然需要雇用大批当地劳动力，由于“一带一路”辐射范围内的部分国家劳工法律制度十分健全，国内企业可能会受制于外国严格的劳工法[②]。企业在东道国招工过程中如果忽视东道国特有的民族、性别等问题，或在雇用员工的待遇和福利保障方面未给予特别注意，就会违反平等劳动的相关法律，面临罚款等处罚。

（3）环境法律风险。海外港口的建设和经营不仅涉及工程项目的实施，还牵

---

① 徐芳. 海外并购的额外法律风险及其对策——由“中海油并购优尼科案”引发的思考. 法商研究, 2006, 5:77.

② 王义桅. “一带一路”机遇与挑战. 北京：人民出版社, 2015.

涉到大宗干散货的处理，极易引发环境污染问题。一旦投资企业没有达到当地环境法律所规定的标准，就会面临法律诉讼，甚至被迫关闭。如斯里兰卡在2015年年初宣布暂停中方在科伦坡港港口城项目的施工，其原因就在于斯方认为港口城项目违反了本国的环保法律规定，对环境造成危害[①]。

（二）对选择海上战略支点建设模式的影响

针对海上战略支点的建设而产生的政策法律风险具有鲜明特点：产生原因具有不确定性，且难以为人力所扭转；破坏范围较其他风险更加广泛，不仅会导致投资企业损失惨重，而且威胁到“一带一路”建设布局的展开；歧视性较明显，政策法律的变迁往往直接针对我国企业投资海外港口行为本身，难以预测和防范。因此，国内港航企业在选择确定海上战略支点建设模式时，应考虑到东道国政策法律风险的影响。

政策法律风险对于海上战略支点建设模式的影响主要体现在模式选择阶段，不同的建设模式有着不同的风险规避能力。具体言之，合资模式和并购模式具有股权参与性质，该种投资方式对东道国政策法律环境依赖度较高，对政策法律风险的抵御能力相对较弱；而长期租赁模式和特许经营模式没有参与股权经营，时间跨度有限，因而承担的政策法律风险较小。如果东道国的政策、法律欠缺稳定性，国内港航企业对于合资或并购等自愿承诺度高的进入模式则需要谨慎选择。如果东道国政府对港口投资企业在反垄断标准、劳工标准、环境标准等方面管制严格，国内港航企业将面临较大的法律风险，采取特许经营与合资方式要比并购模式更具可行性。

五、建设海上战略支点的启示与建议

基于以上分析可以看出，采取相应的措施加强对政策法律风险的规避和防范，保障海上战略支点建设平稳运行，是“一带一路”互联互通和海上合作过程中不可或缺的重要环节。在国家海洋战略的布局中，应主要从以下几个方面入手，以增强应对政策法律风险的能力并实现海上战略支点相关制度的完善。

（一）统筹兼顾海洋战略布局和其他综合因素

① 王义桅.“一带一路”机遇与挑战. 北京：人民出版社, 2015. 4.

海上战略支点的建设应当以战略目标为指引，其首要考虑是符合"一带一路"建设的目标和空间布局，优先服从国家战略的安排。同时，必须兼顾国家海洋战略与投资企业总体战略的关系，"一带一路"空间布局与目标国的政治、经济、法律等因素的关系，以及推动经济互利共赢与维护国家安全利益的关系等，促进各种综合因素的统筹协调，实现海上战略支点建设的"一盘棋"制度安排。

（二）强化政策法律风险的规避防范能力

首先，投资企业必须增强风险意识，重视投资前期对目标国家国内政策法律环境的调研，增加对其国家政策和法律制度的信息了解；其次，结合具体投资环境确定合适的海上战略支点结构模式，分析不同模式的不同风险规避能力，并以此为根据进行适合具体投资项目的建设模式选择；再次，进一步完善风险控制机制、风险分散制度、风险转移方式，为规避和防范政策法律风险打下坚实的基础。

（三）鼓励引导各类社会主体参与海上战略支点的建设

现阶段海上战略支点的投资、建设、经营主体多为大型国有企业，在应对政策法律风险及分散风险力度方面明显不足。而其他的社会主体如私营企业、社会团体等，在体制结构上更具有灵活性，能够更好地适应东道国的投资环境，对于东道国的政策法律风险具有独特的防范规避能力。"一带一路"的推进要求国家从战略层面推动投资主体多元化，鼓励各类社会主体参与、从事海上战略支点的投资建设过程，引导私有资本与国有企业合资合作，深度投资海外港口，分散政策法律风险，为实现海洋强国的战略目标保驾护航。

（四）构建完善与相关国家海上合作的国际规则与机制

发展21世纪新型海洋合作伙伴关系，实现更广阔领域的互利共赢关系是"一带一路"建设框架的题中之义[①]。建设海上战略支点需要中国与相关国家通力合作，而成熟的海上合作有赖于完善的国际规则和机制。一方面，中国企业在"一带一路"覆盖国家进行战略性港口的建设经营过程中，不仅要利用国际法和国际规则调节与东道国的利益冲突，更要注重在合作中与东道国加强互信、互通，推动建立符

① 刘赐贵. 发展海洋合作伙伴关系　推进21世纪海上丝绸之路建设的若干思考. 国际问题研究, 2014, 4:1−8.

合双方共同利益的国际合作规则，以期实现互利共赢；另一方面，促进完善与相关国家在经贸合作、风险应对和争端解决等重点领域的合作机制，通过建立符合共同利益的合作规则与机制，推动中国与相关国家形成海上合作利益共同体。从海上合作体系上强化利益共通，使争议问题的解决途径多元化，能够为中国企业建设海上战略支点提供强有力的制度保障。

东盟和中日韩海上非传统安全合作及中国对策[1]

刘芳明　郑　立　刘大海　孟　亮　于　莹

摘　要：海洋安全是关系沿海国家长治久安的重要议题。东南亚海域事关东盟和中日韩等地区国家的重大安全利益，随着区域海上非传统安全威胁挑战日益严重，东盟开始利用“10+1”与“10+3”的双边、多边合作机制加强相关领域的合作，应对严峻的海上非传统安全形势。本文介绍了东盟和中日韩目前面临的主要海上非传统安全威胁类型及危害，对东盟与中日韩海上非传统安全合作现状和特点进行了探讨。在此基础上，提出中国在东盟中日韩合作框架下，开展海上非传统安全合作机制的政策建议。

关键词：海上非传统安全；东盟；中日韩；合作机制

一、引言

海上非传统安全威胁指除因海上领土、领海、海洋权益纠纷引发的国家间武装冲突、战争等传统威胁外的对国家海上安全和海上利益构成的现实和潜在的压力[2]。目前的海上非传统安全威胁主要包括海上恐怖主义、海上走私、海洋环境污染等。这些威胁影响着地区乃至全球的和平稳定和经济社会平稳发展。非传统威胁

① 本文受国家重点研发计划项目“自主海洋环境安全保障技术海上丝绸之路沿线国家适用性研究”（2017YFC1405106）资助。

② 张剑. 海上非传统威胁对海防安全的挑战与应对策略[J]. 国防, 2007 (10): 58−60.

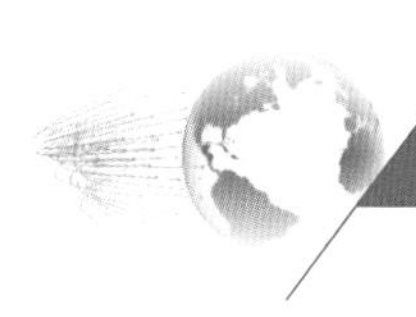

的最大特点为其跨国、跨地区问题，对各国稳定和发展造成普遍危害，海洋又因其公地属性，跨国、跨地区特点更为突出，开展海上非传统安全合作是各国发展的题中之义。

东南亚地区位于亚欧大陆的东南角，北靠亚洲、东接太平洋、西通印度洋、南面大洋洲，是世界上海空运输的重要枢纽。东盟组织（ASEAN）是东南亚地区的重要组织，其成员包括东南亚地区的10个主要国家，随着区域一体化的发展，东盟逐渐发展成为了东南亚区域内政治、经济、文化与军事等各方面开展合作以及一致对外发声的重要区域组织。东盟各国饱受非传统安全威胁的困扰，其中海上非传统安全威胁是现阶段东盟各国遭受的主要威胁类型。实际上，东南亚地区的非传统安全威胁不仅仅是东盟各国的困扰，由于东南亚地区特殊的地理位置，东亚地区经济大国——中国、日本、韩国的大部分海上运输都需要经过东南亚地区，中日韩三国对东南亚地区海上非传统安全威胁也有重要关切。近年来，东盟与中日韩三国在相关领域开展多边合作，主要依托东盟的“10+3”对话合作机制。该机制以经济合作为重点，逐渐向政治、安全、文化等领域拓展，随着海上非传统安全威胁的不断上升，东盟和中日韩在应对威胁方面的合作需求日益增强。

二、东盟和中日韩面临的海上非传统安全威胁类型

当前，东南亚海域所面临的非传统安全威胁主要包括海上恐怖主义、海盗行为、海洋环境与海上事故问题等。

（一）海上恐怖主义

海上恐怖主义是恐怖主义的一种特殊表现形式，具备构成恐怖主义的6个要件：①使用武力或威胁使用武力；②由团伙实施；③为了实现政治目的；④使用暴力的范围超过其直接目标，伤及无辜平民；⑤袭击目标可能是政府，但实施者不是来自另一个政府；⑥恐怖主义是弱者的武器。海上恐怖主义与其他形式恐怖不同的是，其实施地点为海上、内河，或与水体相连接的码头和水上设备[①]。“9·11”事件以后，以美国为主导打击恐怖主义的力度加强使得恐怖分子不得不开始转移自己

① 许可. 当代东南亚海盗研究[M]. 厦门：厦门大学出版社, 2009.

的袭击目标，因海洋缺乏统一管理、保护较为薄弱而成为了恐怖分子的新选择，东南亚海域更是因其海域形势复杂、涉及国家众多，以及有着频繁的海上船只来往成为了恐怖分子的攻击新目标。伊斯兰祈祷团与基地组织是东南亚海域恐怖组织的典型代表。2010 年“基地组织”的兄弟武装组织“阿卜杜拉·阿所姆旅”在霍尔木兹海峡附近海域对日本三井公司的“M. STAR”号邮轮进行了攻击。[①] 近年来，随着伊斯兰国（ISIS）向东南亚的渗透，伊斯兰祈祷团的精神领袖啊布呇卡已向“伊斯兰国”宣誓效忠，或会发动“圣战”。2016年1月，ISIS对印度尼西亚首都雅加达发动恐怖袭击，造成了4名平民的死亡。海上恐怖主义成为影响东南亚海域安全的一个巨大威胁。

（二）海盗行为泛滥

海盗问题是海上非传统安全威胁的重要组成部分，东南亚海域是海盗猖獗的地区之一。海盗行为的泛滥，势必增加了东盟国家以及处于东北亚的中日韩利用海上通道过程中的安全隐患。国际海事局（IMB）海盗报告中心（PRC）年报显示，2015年试图与实际发生的海盗和武装抢劫船舶的案件246起，其中202起发生在亚洲海域：108起发生在印度尼西亚水域，70起发生在东南亚其他海域，24起发生在印度洋次大陆区域[②]。东南亚海域已经成为了世界上最危险的海域之一。

（三）海洋环境问题

世界上的海洋环境问题主要分为两类：一是海洋污染；二是海洋生态破坏。海洋污染已经成为联合国环境规划署提出的威胁人类的十大环境祸患之一。东南亚地区拥有着丰富的海洋资源，但是东南亚海域也存在着严重的海洋环境问题。由于在东南亚地区70%的人口都居住在沿海地区并从事着水产养殖、渔业、密集型农业，随着城市化与工业化进程以及海运事业发展对海洋的需求扩大，人们不断对海洋进行深入的开发与利用，东南亚海域出现了严重的海洋环境问题，主要包括海底沉积物污染、水体富营养化、有毒物质和塑料等。东南亚海域拥有世界上34%的珊瑚礁、世界上1/4～1/3的红树林，马来半岛、菲律宾与新几内亚半岛组成的三角区域

---

① 赵敏燕, 董锁成, 王喆等. “一带一路”沿线国家安全形势评估及对策[J]. 中国科学院院刊, 2016(6).

② Sam Bateman. The true story of piracy in Asia. ASIA and PACIFIC POLICY SOCIETY, [EB/OL]. [2016-04-04]. http://www.policyforum.net/the-true-story-of-piracy-in-asia/.

是世界海洋生物多样性的重要保护区域[①]。东南亚海域对世界海洋生物多样性研究具有非常重要的意义。目前存在的环境问题是保护该海域生态系统和生物多样性的主要威胁。

（四）海上意外事故

海上意外事故，主要是指船舶搁浅、触礁、沉没、火灾、爆炸、船舶失踪、碰撞及其他类似事故。东南亚海域接近亚洲大陆板块，并且岛屿众多、水路狭窄，区域内分布着许多的海峡。来往船只都必须经过狭小的海峡才能穿越通道，但是东南亚地区又是世界上海运最繁忙的区域，在海域内发生事故多、影响大。各国均投入很大精力应对海上意外事故，以中国为例，仅2016年上半年，全国各级海上搜救中心就组织协调搜救行动955次，派出各类搜救船舶5430艘次（其中海事、救捞船舶1326艘次，渔船1916艘次，军舰164艘次），协调飞机116架次，在我国搜救责任区成功搜救遇险人员5768人，搜救成功率达到95%[②]。东南亚海域的海上意外事故是区域各国需慎重应对的海上非传统安全领域。

（五）海洋自然灾害

海洋自然灾害指海洋自然环境发生异常或激烈变化，导致在海上或海岸发生的灾害，主要包括风暴潮、海浪、海冰、海啸、赤潮、绿潮、海平面变化与海平面侵蚀等。东南亚海域是海洋自然灾害的危险高发区，东南亚处于板块交界处，板块活动导致火山爆发与地震以及海啸频发，东南亚地区临近西北太平洋台风源地和北印度洋飓风源地，每年东南亚地区都受到数个台风的严重影响。海洋自然灾害引发的后果十分严重，如2004 年爆发的印度洋大海啸，对港口内装卸设备、港口内通航水域、靠岸作业的船舶以及当地的民众生命安全危险等都造成了巨大损失[③]。频繁的海洋自然灾害需要国家间建立起强大的合作来应对，海洋自然灾害的预警与救援也成为区域各国必须要重视的合作领域。

---

① Todd P A, Ong X, Chou L M. Impacts of pollution on marine life in Southeast Asia [J]. Biodiversity and Conservation, 2010, 19(4): 1063−1082.

② 中国海上搜救中心. 上半年我国海上搜救成功救助5768人 何建中强调：妥善处置突发事件筑牢海上安全防线. [EB/OL]. [2016−08−08]. http://zizhan.mot.gov.cn/sj/zhongguohshsjzhx/xinwendt_sjzhx/201608/t20160808_2073368.html.

③ 王倩, 张钗园. 浅析非传统威胁对海上通道安全的影响[J]. 公安海警学院学报, 2015(1):17.

（六）海上跨国犯罪

东南亚地区的海上跨国犯罪活动也十分猖獗，包括贩毒、非法移民、人口贩卖等，这些海上非传统安全威胁都影响着地区的健康发展。首先，缅甸是世界第二大罂粟种植国家，跨越缅甸、老挝与泰国三国边境的金三角地区占地96000公顷，成为世界鸦片生产的最大区域。联合国毒品和犯罪办公室发布的《2012年东南亚毒品调查报告》显示，与2011年相比，缅甸境内的鸦片种植面积增加了17%，老挝境内鸦片种植面积增加了66%，增长幅度之大令人担忧。东南亚地区海域的复杂性、港口码头星罗棋布以及渔船藏毒的便利性与隐蔽性，促使海上运输成为了新的毒品走私犯罪形式。其次，东南亚是世界上人口买卖最为猖獗的地区之一，尤其是湄公河次区域各国边境地区是拐卖人口的重要流出、流入和中转地。据估计，该地区拐卖人口数量约占全球拐卖人口的1/3。拐卖人口犯罪十分复杂，涉及地域十分广泛，目前对此类犯罪处置仍然不尽如人意。[①] 最后，东南亚地区的非法移民情况也十分严重。海上贩毒、人口买卖以及非法移民等海上跨国犯罪具有跨国性质，需要各国的通力协作共同应对。

三、东盟和中日韩海上非传统安全的合作现状

随着经济全球化与海洋经济的迅速发展，海洋安全对于各个海洋国家而言都显得十分重要，由于传统安全威胁压力淡化，如何应对海洋非传统安全威胁成为了现阶段各国的海上主要合作方向。加强合作、共同打击跨国犯罪，遂成东盟各国的共识，特别是东盟各国积极开展的反恐合作，已为地区安全与稳定做出了巨大贡献。

（一）东盟各国海上非传统安全合作

1997年东盟首次召开打击跨国犯罪部长级会议，2001年东盟领导人发表了反恐联合声明，2002年东盟反恐特别部长会议在马来西亚举行，并发表联合公报，随后又成立反恐中心[②]。这些举动客观上对区域非传统安全威胁进行了震慑。但是，目

---

① 魏巍. 世界上哪里贩卖人口现象最严重. [EB/OL]. [2015-07-31].http://news.ifeng.com/a/20150731/44318146_0.shtml.

② 方军祥. 中国与东盟：非传统安全领域合作的现状与意义[J]. 南洋问题研究, 2005 (4):26-30.

前东盟内部仍存在诸多因素限制着各国在共同应对海上非传统安全领域的合作。首先，东盟成员国在应对海上非传统安全时的优先次序不一。由于非传统安全具有持续性特点，维护海上非传统安全是一个长期过程，并非实施相关治理措施后即刻解决问题，大多数东盟国家往往同时面对多个非传统安全威胁，在拥有有限国家资源情况下，消除海上非传统安全威胁并不能得到优先考虑。其次，东盟的内部工作机制不利于共同维护海上非传统安全。2007 年的《东盟宪章》通过后，东盟内部工作机制得以调整，但东盟自身的性质决定了其不能形成一种能够实施强制执行政策的机制。海上非传统问题跨国性与跨区域性特点，要求各国解决问题做出集体的努力，但是东盟内各国的合作显然还不能达到统一的、强制执行的力度。

因此，在一定程度上，东盟寻求“10+1”的合作模式，开展与中日韩海上非传统安全领域合作，以弥补成员国内部合作的缺陷。由于中日韩各方关注焦点不一，东盟与各国合作的具体领域各有侧重，韩国比较重视生态环境领域。2000年，中日韩三国合作运行“东亚酸雨监测网络”项目（EANET）。在反海盗领域，仅中韩两国2010年举行过一次未命名的双边联合军演[①]。日本方面致力于构建自己主导的多边海上安全机制，近年来随着其主导的反海盗合作机制的完善，安全合作机制重心也逐渐转向区域海岸警卫机构的建立。日本积极致力于提升区域海岸警卫保护机构能力的建设合作，通过提供技术援助、在菲律宾、马来西亚和印度尼西亚建立海岸警卫队、以及在2011年日本海岸警卫队学院（JCGA）发起了名为“日本-亚洲海岸警卫队初级办公培训班（AJOC）”的国际计划以达到其参与亚洲海上非传统安全领域事务的目标[②]。而中国虽然在海上非传统安全合作领域的关注度较大，但是也存在涉及的范围仍然不够全面、合作程度不够深和执行力度不够彻底等问题。

（二）东盟与中国的海上非传统安全合作

东盟与中国的非传统安全合作最早开始于20世纪90年代的亚洲金融危机时期，当时中国政府做出了人民币不贬值的承诺，并支援了东盟国家的经济恢复与发展。

---

① 王林枝.非传统安全合作对中韩安全合作的推动作用探析[J].决策与信息，2015 (24):42−43.

② Honma J. ASEAN-Japan Cooperation on Maritime Non-Traditional Security Issues: Toward a New Paradigm [J]. ASEAN-Japan Relations, 2013, 499: 96.

2001年，在第八届东盟地区论坛外长会议上，中国表示支持东盟地区论坛逐步开展非传统安全领域的对话与合作；2002年11月4日，中国与东盟第六次领导人会议在柬埔寨金边召开，中方发表了《中国与东盟关于非传统安全领域合作联合宣言》，强调要努力保障传统领域和非传统领域“双安全”[①]。双方在非传统安全领域的合作逐步开展。2004年1月10日，中国与东盟在曼谷签署《中华人民共和国政府和东南亚国家联盟成员国政府非传统安全领域合作谅解备忘录》。这份《谅解备忘录》确定了双方在反恐、禁毒和打击国际经济犯罪等重点合作领域，明确了各领域的中长期目标，规定双方将通过信息交流、人员交流与培训、执法协作和共同研究等方式加强合作[②]。《谅解备忘录》的签署表明了中国与东盟在非传统领域合作的成功开展。

2011年的第十四次中国-东盟领导人峰会上，中方提出开拓双方海上务实合作，宣布设立30亿元人民币中国-东盟海上合作基金，推动双方在海洋科研与环保、互联互通、航行安全与搜救以及打击海上跨国犯罪等领域的合作。中国-东盟海上基金项目囊括了中国与东盟在海上非传统安全领域的合作，如打击海上跨国犯罪、海上搜救与推动周边海上安全保障基地建设等。这标志着中国与东盟的合作重心开始转向海洋。2013年中国提出了“21世纪海上丝绸之路”倡议，将中国与东盟各国紧密联系起来。2015年，第十七次中国-东盟（10+1）领导人会议召开后，双方达成共识，将2015年确定为“中国-东盟海洋合作年”，进一步深化海上合作，加强海上执法机构间的对话合作，成立海洋合作中心。落实好《泛北部湾经济合作路线图》，共同实施好中国-东盟海上合作基金项目[③]。进一步推动了中国与东盟间的海上合作领域。

（三）东盟与日本的海上非传统安全合作

由于日本超过90%的原油进口都需要经过东南亚海域，其对该海域的海上非传统安全合作十分重视。早在1996 年日本防卫厅防卫研究所研究人员就提出了以海洋维和为主的多边海上安全机制的战略构想。由于东南亚国家对以日本海上自卫队为

---

① 外交部. 中国与东盟关于非传统安全领域合作联合宣言. [EB/OL]. [2002-11-04].http://www.fmprc.gov.cn/chn//gxh/zlb/smgg/t25549.htm.

② 方军祥. 中国与东盟：非传统安全领域合作的现状与意义[J]. 南洋问题研究, 2005 (4):26-30.

③ 新华网.李克强出席第十七次中国-东盟领导人会议时强调 开创中国-东盟战略伙伴关系起点更高、内涵更广、合作更深的“钻石十年”.[EB/OL]. [2014-11-13]. http://news.xinhuanet.com/world/2014-11/13/c_1113240008.htm.

参与主体的海洋维和行动持警戒的态度，当时东盟对日本的提案未做积极的回应。日本在随后的几年里对海洋维和构想做出了修正：即在构建以日本为主导的多边海上安全机制这一战略目标不变的前提下，通过把“军事力量用于警察目的”，弱化了海洋维和构想的军事色彩[①]。之后日本另辟蹊径，选择从海盗问题入手进行海上非传统安全合作。

2000年4月，在日本的倡议之下，包括东盟10国和日本、中国、印度、韩国等17个国家和地区的海上警备机关和负责海事政策的官员以及船主协会代表，参加了东京“打击海盗及武装劫掠船舶区域会议”，会议形成了《2000 年亚洲海盗对策挑战》文件，规定会议参加国的海上警备机构对于打击海盗要在“一切可能的范围内”进行海盗情报交流、停船和拿捕措施、技术援助等具体事项上的合作，并召开各国海上警备机关专家会议以讨论具体的实施办法[②]。此后，日本通过采取和东南亚国家进行意见交流、情报收集、共同训练等措施，积极推进在打击海盗问题上的双边合作。根据日本统计的世界海盗行为发生数据（表1）[③]，2001—2009年，发生在东南地区的海盗事件数量呈现逐年降低的走向，表明其倡议的打击海盗活动可能已经产生一定的效果。

表1　海盗行为发生件数　　单位：件

年份	2001	2002	2003	2004	2005	2006	2007	2008	2009
世界	335	370	445	329	276	239	263	293	406
东南亚	170	144	157	124	99	71	68	57	56
马六甲海峡	58	21	30	46	19	16	10	8	11

此外，日本还大量提供ODA（政府官方开发援助）资金来帮助东南亚各国建立相关的海岸警备队，包括协助进行警备队人员培训、设备更新以及技术支持。同时，日本还在打击非法海上毒品走私、打击人口贩卖、应对海上突发事件等各个方面与东盟进行了有效的合作。

① 龚迎春. 海洋领域非传统安全因素对海洋法律秩序的影响[J]. 中国海洋法学评论, 2006(1):207−217.

② 海賊・海上武装強盗対策について（中間とりまとめ），海賊・海上武装強盗対策推進会議 . [EB/OL]. [2016−08−13].http://www.mlit.go.jp/kisha/kisha05/10/100727_2/01.pdf.

③ 福田保, アジア太平洋地域における非伝統的安全保障と地域協力.[EB/OL]. [2016−08−13].http://www2.jiia.or.jp/pdf/resarch/h22_chiki_togo/07_Chapter7.pdf.

（四）东盟与韩国的海洋非传统安全合作

1989年，韩国与东盟首次建立了部门间对话，成立了韩国–东盟联合部门合作委员会（JSCC）。1990年，双方成立了韩国–东盟特殊合作委员会（SCF），至1991年召开韩国–东盟对话会议，双方关系进入全面对话阶段。此后，韩国与东盟陆续举办了东盟地区论坛（ARF）、韩国–东盟对话、部长会议等，加快推进与东盟的合作进程。双方还建立了韩国–东盟特殊合作基金（SCF）与韩国–东盟面向未来合作计划基金（OCP），2001年韩国向特殊合作基金提供1676万美元，向未来合作计划基金提供500万美元，为双方合作提供了资金保障[①]。虽然韩国与东盟有着多年的合作基础，但是与东盟–中国、东盟–日本的双边关系相比，无论是从政治、经济还是实际效果上来看，东盟–韩国的关系是最为薄弱的。韩国与东盟在非传统领域的合作基本以多国合作框架下进行，如2000年中、韩 日以及东盟十国签订的《清迈协议》，目的为维护金融安全，《2000 年亚洲海盗对策挑战》也是在多边框架下参与，韩国与东盟之间缺乏直接有效的双边合作机制。其原因可能是双方面临的非传统安全威胁问题（包括海上非传统安全威胁）并不相同，例如韩国更加关心海洋环境问题，而东盟国家可能更加在意海上恐怖主义、海盗问题等非传统安全威胁[②]。

2014年12月在韩国釜山举行第二次韩国–东盟特别峰会，会议发表了《韩国–东盟面向未来联合声明》，其中明确提出加强由东盟主导的区域协商机制合作、深化传统和非传统安全领域的合作；以韩国–东盟例行对话为契机，双方举行安全对话，加强安全领域的合作，加强应对灾难方面的合作；韩国为东盟人道主义援助协调中心执行有关任务、《东盟灾害管理和应急响应协定》（AADMER）工作计划的落实提供支持[③]。这是韩国与东盟第一次明确提出加深在非传统安全领域合作的目标。双方在非传统安全领域取得突破性进展。

总体上看，东盟与日本的合作时间最长、程度最深、影响最大；中国方面，虽然在2011年成立了中国–东盟海上合作基金，但主要是中国的支持力度较大，东盟

① 金美花. 韩国缘何强化与东盟关系[J]. 世界知识, 2015 (3):28—29.

② Hernandez C G. Strengthening ASEAN-Korea Co-operation in Non-Traditional Security Issues [J]. ASEAN-Korea Relations: Security Trade and Community Buildi, 2007.

③ 韩联网. 韩国与东盟面向未来联合声明摘录. [EB/OL]. [2014—12—12]. http://chinese.yonhapnews.co.kr/allheadlines/2014/12/12/0200000000ACK20141212002700881.HTML.

国家的参与力度较弱，中国-东盟合作程度有待加深；东盟与韩国在非传统安全领域的合作处于起步状态，合作程度最浅。

四、对东盟和中日韩海上非传统安全合作的思考与展望

东盟与中日韩合作取得了一定的成绩，在地区安全稳定中发挥了重要作用，但在共同应对海上非传统安全领域威胁方面，还存在认识不尽统一、合作机制单一、法律保障有限等诸多困难和挑战，中国应充分发挥负责任大国作用，在东盟和中日韩合作框架中，积极作为，维护区域海洋安全。

（一）发挥“21世纪海上丝绸之路”合作机制的牵引作用

2013年中国提出了建设“一带一路”的愿景，其中“21世纪海上丝绸之路”的南海航线从中国东南沿海出发，经过东南亚、南亚，再横跨整个印度洋北面，进入红海、北非，最后到达欧洲[①]。东南亚海域是“21世纪海上丝绸之路”的必经之路，该海域的安全稳定对“21世纪海上丝绸之路”规划顺利实施具有重要意义。为了保障海丝路发展，中国先后提出了中国-东盟海上合作基金、亚洲基础设施投资银行等合作机制。充分依托这些合作机制，将海上非传统安全议题纳入其中，可以为东盟10+3国家的海上非传统安全基础建设和运行提供有力支撑。2011年成立的中国-东盟海上合作基金，中国方面的支持力度较大，东盟国家的参与力度较弱，中国应该积极鼓励和引导东盟国家参与到海上合作基金项目当中来，以便能够发挥东盟国家的积极性。2017年6月20日，中国国家发展和改革委员会、国家海洋局发布《“一带一路”建设海上合作设想》，其中，“共筑安全保障之路”是合作的重点之一，加强海洋公共服务合作，开展海上航行安全合作、开展海上联合搜救、共同提升海洋防灾减灾能力、推动海上执法合作是该合作重点的主要方面[②]。这些构想都将进一步促进中国同沿线国家的非传统安全合作，为构筑起更加全面、高效的合作网络提供可能。

---

① 商务部. 推动共建丝绸之路经济带和21世纪海上丝绸之路的愿景与行动. [EB/OL]. [2015-04-01]. http://www.mofcom.gov.cn/article/resume/n/201504/20150400929655.shtml.

② 新华社. “一带一路”建设海上合作设想. [EB/OL]. [2017-06-20]. http://news.xinhuanet.com/politics/2017-06/20/c_1121176798.htm.

（二）扩展和深化海上公共服务合作领域

《南海各方行为宣言》提出，在全面和永久解决争议之前，有关各方可探讨或开展合作，可包括以下领域：①海洋环保；②海洋科学研究；③海上航行和交通安全；④搜寻与救助；⑤打击跨国犯罪，包括但不限于打击毒品走私、海盗和海上武装抢劫以及军火走私[①]。近年来由于南海争端，中国同东盟内若干国家的关系有下降趋势。我国应积极努力，在维护主权的前提下，搁置争议，扩大在海上非传统安全领域的合作范围、充实合作内容以加深中国–东盟之间的多边合作关系。中国与东盟在 2009年和 2011年分别达成《中国–东盟环保战略》和《中国–东盟环境合作行动计划2011—2013》就是典型的合作范例。这些合作以海上防灾减灾、海洋环境污染防治、海上意外救援等海上公共服务作为优先合作领域，充分发挥联合国政府间海洋学委员会、东亚海环境合作伙伴、环印度洋地区合作联盟、国际海洋学院等海洋领域合作机制的作用，积极推进务实合作，具体内容包括：推进和加强东盟10+3国家在海洋环境预报与灾害预警系统、海洋环境污染与海上垃圾监测、海上救援平台及信息平台建设等合作。

（三）加强海上执法合作领域

海上执法队伍是各国应对海上非传统安全威胁的最重要力量，而加强海上执法领域的合作有利于各国提高海上执法效率，进而有效打击海上犯罪活动。2016年8月26日，中越海警举行了第一次工作会晤，双方就实施《中国海警局与越南海警司令部合作备忘录》的具体措施、深化两国海上执法合作等议题交换了意见，达成了广泛共识[②]。2016年11月12日，中方代表与印尼海上安全机构负责人举行了首次工作会晤，双方就积极落实两国领导人重要共识、加强海上执法务实合作深入交换了意见，达成了广泛共识[③]。2016年12月15日至16日，为落实中菲两国领导人共同见证签署的《中国海警局和菲律宾海岸警卫队关于建立海警海上合作联合委员会的谅

① 国务院新闻办公室. 南海各方行为宣言. [EB/OL]. [2016–07–13]. http://www.scio.gov.cn/xwfbh/xwbfbh/wqfbh/33978/34802/xgzc34809/Document/1483510/1483510.htm.

② 余晓洁，程卓. 中越海警举行首次工作会晤共同维护海上安全稳定. [EB/OL]. [2016–08–29]. http://military.china.com/news/568/20160829/23409569.html.

③ 人民网. 中国海警局和印尼海上安全机构在京举行首次工作会晤. [EB/OL]. [2016–11–22]. http://legal.people.com.cn/n1/2016/1122/c42510-28887715.html.

解备忘录》，中菲海警在菲律宾首都马尼拉举行了海警海上合作联合委员会第一次筹备会议，共同探讨了可能开展的海上合作项目[①]。中国与东盟各国海上执法合作仍处于初期阶段，但合作空间十分巨大。未来，中方应该积极与东盟和日韩开展相关合作事宜讨论，进行深度合作。具体包括：建立东盟10+3海上执法信息共享、互换与危机处理管控机制；发挥“亚洲海岸警备高官会”、“北太平洋地区海岸警备执法机构论坛”、“亚太海事局长会议”等职能，共同开展搜救、环保、打击海上违法犯罪的合作；加强《联合国打击跨国有组织犯罪公约》、《亚洲地区反海盗及武装劫船合作协定》等履约国间的交流与合作。

五、结语

21世纪是海洋的世纪，人们在不断利用海洋开发海洋的过程当中，也面临着海上恐怖主义、海盗行为、海洋生态环境恶化等众多的海上非传统安全威胁的困扰。尤其是东盟10国所处的东南亚海域，优越的航运地缘优势、众多的人口、亟须发展的经济都面临着来自海上非传统安全威胁的严峻挑战，东盟不断地通过“10+1”与“10+3”机制与区域内国家开展合作。中国作为东南亚海域重要利益方，自身的建设与发展都离不开这片海域，愈发严峻的海上非传统安全威胁势必影响中国海洋事业发展，中国应充分利用与区域内组织和相关国家的合作机制，与各方一起，共同解决非传统安全问题。中国-东盟在海上非传统安全领域的合作具有规范性、灵活性与代表性的特点，中国应该继续发挥优势作用，同时，中国-东盟的合作仍然有着巨大的提升空间，中国应该努力将中国-东盟之间的海上非传统安全合作进行制度化完善，为区域甚至世界上的合作树立典范，以“21世纪海上丝绸之路”规划实施为契机，将中国-东盟的合作模式打造成区域治理标杆，为其他地区的区域合作提供经验及为促进地区安全稳定做出贡献。

---

① 董成文. 中菲召开海警海上合作联合委员会第一次筹备会. [EB/OL]. [2016-12-17]. http://www.china.com.cn/news/world/2016-12/17/content_39931846.htm.

“21世纪海上丝绸之路”下中国–东盟海上合作探析

刘大海　连晨超　刘芳明　王春娟

摘　要：随着经济全球化的发展和国家间相互依赖程度的加深，国际政治的研究近年来愈加重视国际合作问题。肯尼斯·奥耶提出了考察国际合作的分析框架，该框架由报偿结构、未来的影响以及行为体数目三个因素构成，对理解国际合作有着重要意义。从实践来看，中国与东盟之间在安全、经济、公共服务、科技等领域开展了海上合作，然而这些合作呈现出不均衡、不深入、不全面的特点。“21世纪海上丝绸之路”的提出对中国加强与东盟之间的海上合作提出了更高的要求。为保障“21世纪海上丝绸之路”的前期顺利推进，中国需要付出更多努力推动中国与东盟之间的海上合作。若要达到这个目标，中国须采取具体的措施来改善合作中的报偿结构、增加当前合作对未来的影响、保证多行为体的参与不影响国际合作的实行，由此深化双边的海上合作，并且推动南海问题的解决。

关键词：东盟海上合作；“21世纪海上丝绸之路”；国际政治经济学；国际合作

一、关于合作的国际政治经济学解释

传统的经典国际政治学多从冲突与战争的视角对国家间的政治进行研究，国际关系中现实主义始终占据主导地位即为一例。尽管现实主义并不主张国际合作绝

不可能，但是其理论核心即为国际社会的无政府状态导致对权力与安全的竞争，主张进攻性现实主义的学者更是如此。因此在现实主义者看来，稳定的国际合作是难以达成的，竞争与冲突是国家间政治的常态。然而，随着经济全球化的不断发展和国家间经济相互依赖程度的加深，越来越多的学者开始将国际政治学与经济学相结合，国际政治经济学中的国际合作理论开始受到更多的重视，学术界也专门对国际合作展开研究①。

美国麻省理工学院的著名学者肯尼斯·奥耶（Kenneth Oye）在《无政府状态下的合作》一书的第一章《解释无政府状态下的合作：假说与战略》中提出了考察国际合作的三个变量，利用博弈论和微观经济学的理论，构建起了一个理解国际合作的统一分析框架。在奥耶提出的模型中，报偿结构、未来的影响和参与者数目共同决定了国际合作是否能够达成。奥耶提出的该分析框架在多数情境中能够有效解释国际合作的成败，国际合作理论对国际合作的体系分析，在日后近30年的发展中也始终难以绕开奥耶提出的这个理论框架②。

“一报还一报”战略的有效性；肯尼斯·奥耶于1986年编辑出版《无政府状态下的合作》一书，该书提中出了新的研究影响国际合作因素的模型，收录了一组文章对模型进行验证；阿瑟·斯坦于1990年出版《国家为什么合作：国际关系中的环境与选择》一书，采用“战略互动”模式分析了影响国际合作的国内外原因；1992年海伦·米尔纳的《国家间合作的国际理论：优点与弱点》对以往的国际合作理论研究做出了比较全面的梳理与总结，她于1997年出版的《利益、制度与信息：国内政治与国际关系》一书从国内政治的角度研究了影响国际合作的成败的因素。

（一）报偿结构

报偿指的是各博弈方从博弈中所获得的利益，报偿结构即在博弈中各方利益

① 代表著作有约瑟夫·奈与罗伯特·基欧汉1977年出版的《权力与相互依赖》，该书论证了复合相互依赖、国际制度的变迁和全球治理这三个命题，认为当今世界国际冲突的成本越来越高，而合作的可能性不断增强；基欧汉于1984年出版的《霸权之后：世界政治经济中的合作与纷争》，认为没有霸权国家的引导，国际合作依然能够达成，该书在国际合作研究中占有重要地位；罗伯特·阿克塞尔罗德于1984年出版的《合作的进化》从博弈论的视角证明了即使在无政府的世界中合作也是有可能的，并且论证了合作。

② ［美］肯尼斯·奥耶. 无政府状态下的合作. 田野，辛平译. 上海：上海人民出版社，2010.

的分配模式。利益分配问题是国家合作所面临的一个重要问题，国家可能因为合作的成本与收益不一致而放弃合作[①]。国际关系理论中的新自由主义主张，国家在合作中主张的是绝对收益，即只要国家在合作中可以得到利益，国家就会选择合作；而新现实主义则认为国家在国际合作中重视的是相对收益，这意味着如果要让一个国家选择合作，收益的分配要有助于其相对权力的增长。其实，简单地将绝对收益或者相对收益列为国际合作的决定性因素都有其局限性。国际政治是极为复杂的学科，其中一个原因就是在国际的冲突或合作中涉及的行为体的复杂性。尽管主流的国际关系理论将国家视为一个独立的行为体，不考虑国内政治的复杂性对国家行为的影响，但是即使是这样，不同国家在国际行为中仍然具有不同的偏好，做出不同的选择。奥耶避开了对绝对收益与相对收益的讨论，而是利用经济学和博弈论的理论，探究如何实现合作中双方收益的最大化，有效地将国际合作中的收益问题进行了理论简化。奥耶提出了国际合作中比较常见的三种博弈模式，即“囚徒困境”、“猎鹿博弈”和“胆小鬼博弈”。在这三种博弈模式下国家间有着不同的共有偏好和冲突偏好。相应的，如何增加博弈中的共有偏好，减少冲突偏好，是改变不合理的报偿结构，从而实现国际合作的重要因素。强化合作的动机、弱化背叛的动机是达成合作的重要途径。这种改变报偿结构的手段主要有单边战略——抵押和双边战略——议题联系。抵押在国际合作中指的是一方为了主动与对方达成合作增加自己承诺的可信度，主动减少自己选择不合作（即背叛）的收益，从而减少对方遭遇背叛的风险。议题联系主要是指通过在合作的谈判中引入其他议题而将不同的问题联系起来，从而促使合作的达成[②]。

（二）未来的影响

国际合作理论中的博弈论认为，行为体对未来互动的预期会影响当下的选择。该因素主要由三个部分组成。第一，预期的交往时间。国家之间长时间交往比短时间交往更容易达成合作，因为长时间的交往意味着是否选择合作将由单轮博弈转变为重复博弈。在“囚徒困境”中，无论对方选择合作还是背叛，一个行为体的最优选择均为背叛，因此合作在单轮的“囚徒困境”中将难以实现。博弈次数的增加将

① 王正毅.国际政治经济学通论.北京：北京大学出版社，2010.

② 田野.国际协议自我实施的机理分析：一种交易成本的视角.世界经济与政治，2004，12:28-30.

使博弈方认识到选择合作才是对各方而言的最优战略，因而各方达成合作的概率大大提升[①]。第二，回报战略。回报战略指的是一个国家针对其他国家的合作或者背叛将做出什么样的反应与回报。回报战略对重复博弈有着重要的影响。一个国家面对其他国家的合作时，自己也选择合作作为回报，良性的互动就比较容易达成；当其他国家选择背叛时，为了减少对方主动背叛所得的收益，本国也可以采用背叛来制约对方。罗伯特·阿克塞尔罗德（Robert Axelrod）对这种“一报还一报”的战略做过详细的论述，认为这种简单的回报战略将有效地促使其他国家选择合作[②]。第三，现在的选择对未来的影响。基于长期互动与博弈的考量，行为体在当前博弈中的选择对未来的影响越大，当前的合作越容易达成。如果对未来的影响小，这意味着当前本国选择背叛并不会导致未来对方对本国背叛行为的报复，也不会影响下次合作的达成。由此，背叛将成为国际交往中的常态，因为国家为背叛所付出的利益代价很小。所以为了避免这种情况发生，增大当前选择对未来的影响将有利于国际合作的达成。

（三）参与者数目

参与者数目指的是国际交往中行为体的数目。行为体数目对国际合作与集体行动所带来的影响得到了许多学者的关注[③]。奥尔森将国家视为理性的行为体，认为国家在国际交往中也是自私的，因而除非合作中的行为体较少，否则自私的个体将不会选择合作而牺牲个体利益以达成集体利益的最大化。行为体数目多的大集团的行动效率要逊于小集团[④]。综合来看，行为体的数目对合作可能带来三点影响：第一，当行为体的数目增加时，信息不对称的问题会更加严重，国家间进行合作的交易和信息成本也会上升；第二，行为体数目的上升会使国家间的互动结果更加复杂并且难以预测；第三，参与者数目过多可能使对背叛者的惩罚更加困难，从而使得“搭便车”的现象更加严重[⑤]。面对参与者数目过多所带来的合作困境，如果对最

---

① ［美］肯尼斯·奥耶. 无政府状态下的合作. 田野, 辛平译. 上海：上海人民出版社, 2010.

② ［美］罗伯特·阿克塞尔罗德. 合作的进化. 吴坚忠译. 上海：上海人民出版社, 2007.

③ 加雷特·哈丁的《公用地的悲剧》一文提出了行为体数目对集体利益的影响，曼塞尔·奥尔森的《集体行动的逻辑》一书详细地论证了行为体数目对国际公共产品供给的影响。

④ Olson, Mancur. The Logic of Collective Action: Public Goods and the Theory of Groups. Cambridge: Harvard Economic Studies, 1971, p. 3. 17.

⑤ ［美］肯尼斯·奥耶. 无政府状态下的合作. 田野, 辛平译. 上海：上海人民出版社, 2010.

终的收益影响不大，国家可以在国际合作中适度减少参与者的数目。如果一项合作必然要求较多行为体的参与，那么建立起完善的国际机制、降低信息与交易成本将成为促进合作的有效途径。国际机制的建立可以将各方的互惠政策“机制化”，从而为博弈的参与者提供更加完整的信息，避免信息不对称的出现，从而减少了合作中的不确定性[①]。

二、“21世纪海上丝绸之路”下中国-东盟海上合作现状

2013年10月习近平主席在对印度尼西亚国会发表演讲时提出了与东盟共同建设“21世纪海上丝绸之路”的国际合作倡议，该倡议与2013年9月习近平主席在哈萨克斯坦访问期间提出的共建“丝绸之路经济带”一起构成了中国的“一带一路”倡议。“一带一路”合作倡议提出之后，中国领导人在多个外交场合不断推动各国参与到该倡议中来，并将“一带一路”写入了党的十八届三中全会《关于全面深化改革若干重大问题的决定》，作为推进中国改革的一项重要内容。

2015年3月，国家发改委、外交部、商务部联合发布了《推动共建丝绸之路经济带和21世纪海上丝绸之路的愿景与行动》，对“一带一路”做出了初步规划。文件提出，“21世纪海上丝绸之路”主要由两条线路构成：第一个重点方向是从中国沿海港口经过南海到达印度洋，并且延伸至欧洲；第二个重点方向是从中国沿海港口出海，经过南海到达南太平洋[②]。东南亚是“21世纪海上丝绸之路”的必经之地，促进并提升中国与东盟之间在海上的合作不仅对于“21世纪海上丝绸之路”的推进具有重要意义，而且有助于南海争端的和平解决，有利于改善中国外交目前面临的困境。中国与东盟在海上开展合作已经覆盖了多方面的内容，近年来也取得了很大的进展。然而，由于南海争端等因素的影响，中国与东盟之间的海上合作呈现出不平衡的现象。随着“21世纪海上丝绸之路”建设的开展，中国需要与东盟国家之间加强海上合作，提升合作水平。

---

① 王磊. 无政府状态下的国际合作——从博弈论角度分析国际关系. 世界经济与政治, 2001, 8:14.

② 新华网. 授权发布：推动共建丝绸之路经济带和21世纪海上丝绸之路的愿景与行动. (2015-03-28). http://news. xinhuanet. com/2015-03/28/c_1114793986. htm.

（一）海上安全合作

海上安全合作分为传统安全合作与非传统安全合作。传统安全主要指的是军事及领土主权上的安全。一个国家不断地提升自己的武装军事力量属于比较典型的协作性博弈（collaboration game），契合“囚徒困境”所代表的合作困境。如果不同行为体都为了各自的利益而扩充军备，彼此之间在军事上没有进行相互沟通、合作，那么这种军备竞赛的升级并不利于双方利益的最大化。中国与东盟之间的传统安全合作比较有限，大多也都围绕着南海问题展开。2002年中国与东盟达成了《南海各方行为宣言》，在一段时间内缓解了南海局势。中国目前也开始推动“南海行为准则”的谈判[①]。中国与东盟在海上安全上还建设了其他的沟通对话机制，例如中国-东盟国家“10+1”防长特别会晤及防务与安全对话，以及2015年6月在马来西亚举办的由中国倡议成立的东盟地区论坛安全政策会议等。这些磋商机制在海上风险管控、举行海上联合演练、开展“海上航行自由与安全”对话交流等方面提出了相应的合作倡议[②]。此外，中国与部分国家推动以双边谈判来解决岛屿主权与海洋划界问题，例如与越南在2000年签署了《中越在北部湾领海、专属经济区和大陆架的划界协定》，这也可以避免双方在该地区的安全冲突。2015年最新的进展是中国与东盟开始就设立“南海热线”进行磋商，以避免海上冲突[③]。在中国与东盟的海上合作中，非传统安全领域的合作开展较为广泛。中国-东盟海上合作在非传统安全领域主要包括航道安全的维护、打击恐怖主义、打击海盗与贩毒等犯罪活动、提供海上救援等。双方在2002年11月发表了《中国与东盟关于非传统安全领域合作联合宣言》，启动中国与东盟在非传统安全领域的全面合作，并且于2004年1月签署了《中国与东盟关于非传统安全领域合作谅解备忘录》[④]。其中，航道安全的维护是保障各方利益的一项重要内容。中国-东盟交通部长会议作为双方最直接的合

---

① 人民网. 外交部：“中方与东盟国家稳步推进‘南海行为准则’磋商”. (2015-01-30). http://world.people. com. /n/2015/0130/c1002-26482373. html.

② 环球网. 东盟地区安全政策会议：中国展示处理南海问题双轨思路. (2015-06-09). http://world.huanqiu. com/ex. clusive/2015-06/6641300. html.

③ 观察者网. 中国与东盟商讨设立“热线”加强南海海上沟通. (2015-08-05). http://www. guancha. cn/strategy/2015_08_05_329437. shtml.

④ 新华网. 背景资料：中国与东盟的安全合作. (2010-10-12). http://news. xinhuanet. com/world/2010-10/12/c_12650461. htm.

作磋商机制之一，已经连续召开了13次[①]。在打击犯罪方面，双方已经签署了《中国-东盟禁毒行动计划》、《中国-东盟打击恐怖主义联合行动宣言》，并且已经采取了具体的落实行动[②]。海上救援方面，双方已经建立了中国-东盟国家海上紧急救助热线，并且已经与相关国家展开了海上联合搜救演习活动[③④]。

尽管已经取得了一些成果，目前中国与东盟之间的海上安全仍然存在较多的问题，比如双方的传统安全与非传统安全合作失衡，合作水平与合作项目的数量也需要进一步提升。受南海问题与历史问题的影响，东盟一些国家对中国的军事实力一直比较担忧，因此中国与东盟国家目前在传统军事安全领域内的合作较少。在南海地区，以菲律宾、越南为代表的东盟国家与美国、日本等国举办联合军事演习在近年来已成为常态，东盟国家“经济上依赖中国，安全上依赖美国”的现象愈加明显。同时，越南、菲律宾等国正在加快海上军事力量建设，中国与东盟部分国家之间呈现出军备竞赛的态势，在南海地区形成对抗之势。

（二）海上经济合作

经济合作属于典型的保证型博弈（assurance game），即“猎鹿博弈”。在这种博弈模式之下，双方选择进行合作既是对集体的最优选择，也是对自身的最优选择。在这种博弈下，南海争端并没有对中国与东盟国家之间的经济合作产生太大的影响。根据海关信息网的数据，2014年中国与菲律宾的贸易总额达到了444.42亿美元，较上年增长16.75%，2015年将超越日本成为菲律宾的最大贸易伙伴。尽管2014年中国与越南因“981”钻井平台发生较大摩擦，中国与越南的贸易总额仍然达到835.53亿美元，与2013年相比增幅达27.6%，保持着越南最大贸易伙伴的地位。中国与东盟之间的经济与贸易往来发展速度非常快，与东盟建立了多方面的经济合作机制，其中最突出的就是2010年中国-东盟自由贸易区建成后，中国在东盟地区的经济影响力持续快速增长。2014年，中国与东盟贸易额达4803.94亿美元，同比增长

---

① 人民网. 杨传堂：对接发展战略构建中国-东盟利益共同体. (2014-12-01). http://finance. people. com. cn/n—1201/c1004-26126177. html.

② 郑先武. 中国-东盟安全合作的综合化. 现代国际关系, 2012, 3:50.

③ 凤凰网. 中国5舰船参演东盟地区海上搜救. (2015-05-29). http://news. ifeng. com/a/20150529/43861555_0. shtml.

④ 新华网. 海上搜救为中国东盟海上互联互通保驾护航. (2013-09-04). http://news. xinhuanet. com/politics/2013-09/04/c_117227782. htm.

8.3%，增速较中国整体对外贸易平均增速高出4.9个百分点；双边累计相互投资高达1200亿美元[①]。中国已经连续5年成为东盟最大的贸易伙伴，而东盟连续4年作为中国的第三大贸易伙伴。经贸往来的迅速发展有助于中国与东盟之间的海上经济合作的进一步提升。中国与东盟之间正在就自贸区的进一步升级进行磋商，由此将带来一系列的海上经济合作项目的推出。中国与东盟之间频繁的经贸与货物往来对海洋运输有着很强的依赖。由此，中国与东盟也在就港口建设、航线拓展等方面进行了深度合作。2007年，双方签订了《中国－东盟港口发展与合作联合声明》，2008年双方正式签署了《中国－东盟海运协定》[②]。2013年9月，《中国－东盟港口城市合作网络论坛宣言》正式发布，明确中国与东盟10国的沿海港口城市加入中国－东盟港口城市合作网络，建立了以广西钦州为基地，覆盖东盟国家47个港口城市的合作网络[③]。与此同时，中国－东盟博览会和商务与投资峰会、泛北部湾经济合作论坛等经济合作论坛，也为中国与东盟之间开展全方位、多层次的海洋经济合作提供了良好的平台。

近年来中国与东盟之间的经贸发展非常迅速，但是从贸易结构来看，中国与东盟的贸易主要还是集中在中端与低端的工农业产品上，这一点与美国、日本有较大差别。同时，中国与南海争端国之间的经贸呈现出不稳定的状态，容易受到其他因素的影响。另外，中国与东盟之间经济上的相互依赖主要构成为进出口贸易，双方真正开展的在海上的经济合作并不多。南海地区有着丰富的海上渔业与油气资源，虽然中国提出了“搁置争议，共同开发”的倡议，但是部分东盟国家参与合作的意愿很低，想要独占南海的资源。另外，海洋渔业、海洋旅游等产业的合作前景也非常广阔。开发海洋经济产业是未来各国经济发展的潜力所在，也是中国与东盟未来经济合作的重要方向之一。

（三）海上公共服务合作

不同国家就提供公共产品而进行合作属于协作型博弈，即“囚徒困境”。由于公共产品的非竞争性和非排他性，一个国家可以在国际合作中采取“搭便车”的行

① 外交部. 王毅部长在博鳌亚洲论坛2015年年会“东盟共同体：一体化的新起点”分论坛上的讲话. (2015−03−28). http://www. fmprc. gov. cn/mfa_chn/zyxw_602251/t1249578. shtml.

② 蔡鹏鸿. 中国–东盟海洋合作：进程、动因和前景. 国际问题研究, 2015, 4:17.

③ 新华网. 中国–东盟港口合作不断深化共同推进海上丝绸之路建设. (2014−09−12). http://news. xinhuanet. com/fortune/2014−09/12/c_1112463924. htm.

为，享受其他国家提供的公共产品而不付出成本。因此，国家在公共服务的提供上的最优选择是不合作。然而，如果每个国家都选择“搭便车”，公共产品的提供就会不足，从而集体中的每个个体的利益都会受到损害。从中国与东盟之间现有的海上公共产品与公共服务来看，双方之间的合作已经取得了一些成果，主要是气象服务与灾害预警服务、海洋生态环境监测与保护服务等。中国与东盟主要国家都是围绕着南海分布，因此双方的合作目前主要存在于南海及周边海域。在气象服务与灾害预警方面，中国一直参与南海的气象观测服务，主动承担国际义务。根据统计，中国的气象部门在南海地区的气象预报已经达到精确化的要求，能够及时向6000多艘船舶发布预报预警信息，并且与其他国家共享预警信息[①]。2004年东南亚海啸之后，中国与东盟国家之间就海啸预警与救援开展了一系列的合作，例如2005年1月的中国-东盟地震海啸预警研讨会以及5月的中国为受灾国举办的防灾减灾人力资源培训班等[②]。2005—2008年，中越菲三国在南海开展了联合收集二维和三维地震数据的测试活动；中国与越南也开展了“中越海浪与风暴潮预报合作”[③]。在海洋生态环境监测与保护服务方面，2009年10月，双方签订了《中国-东盟环境保护合作战略（2009—2015）》，2010年3月中国主导成立了中国-东盟环境保护合作中心，中国-东盟环境合作论坛也从2013年开始举办[④]。这些合作协议与项目均涉及海洋生态环境的保护。2011年中国颁布了《南海及其周边海洋国际合作框架计划（2011—2015年）》，支持开展海洋与气候变化、海洋环境保护、海洋生态系统与生物多样性、海洋防灾减灾、海洋政策与管理等领域的合作[⑤]。

虽然这些项目目前整体运作良好，但是双方就公共服务合作的水平与深度仍需进一步加强。从合作项目来看，中国与东盟之间的海上公共服务比较偏重于灾害预警方面，环境保护上的合作较少。并且，由于历史上美国、日本在南海地区有着较多的参与，因此目前东盟国家仍然对美国、日本提供的公共服务依赖较强，例如气

① 刘毅. 南海区域气象设施建设提升防灾减灾能力. 人民日报, 2015-06-21(2).

② 韦红, 魏智. 中国-东盟救灾区域公共产品供给研究——基于能力、效率、价值的三因素分析. 东南亚纵横, 2014, 3:35.

③ 蔡鹏鸿. 中国-东盟海洋合作：进程、动因和前景. 国际问题研究, 2015, 4:17.

④ 徐进. 略论中国与东盟的环境保护合作. 战略决策研究, 2014, 6:32.

⑤ 新华社. 国家海洋局：加强与东盟在南海的环境合作. (2012-10-23). http://video. xinhua08. com/a/20121023/1045942. shtml.

象预报等。与此同时，很多东盟国家经济实力较弱，缺乏提供公共产品的热情，也缺少有效、稳定的合作机制。

（四）海上科技合作

与海上经济合作相同，海上科技合作整体上来看属于保证型博弈的内容，即“猎鹿博弈”。除去一些涉及机密的科技合作之外，中国与东盟之间开展海上科技合作对双方而言都是最优选择。通过开展海上科技合作，双方可以发挥自身的优势，从而形成互补。中国有着更为雄厚的资金条件和更加先进的技术，而众多东盟国家则有着优越的地理位置和多样化的海洋地质、生物环境。从具体的项目来看，2010年“中国-东盟科技伙伴计划”在广西南宁启动，该计划包含一系列科技合作项目；2013年第一届中国-东盟科技部长会议倡议成立的“中国-东盟技术转移中心”在南宁正式运营；2013年中国-东盟技术转移与创新合作大会开始举办，成为促进双方科技成果转换、交流的重要平台①。具体到国家层面，2009年中国与马来西亚签署了双边的海洋科技合作协定；2011年中国国家海洋局与泰国自然资源与环境部也签署了加强海上科技合作的协定②；2010年，中国与印度尼西亚共同创建了海洋与气候联合研究中心；2013年中国与泰国气候与海洋生态联合实验室正式启用③。云南、广西等利用靠近东盟的地理位置优势，也与东盟国家开展了一系列的海上科技合作。此外，中国还向东盟国家提供大量来华留学奖学金名额，帮助东盟国家培养海洋科技人才，促进中国与东盟国家之间的海上合作。

从现有的科技合作成效来看，目前中国与东盟之间的科技合作已经具备了相关机制保障，只是双方在合作项目上仍有较大的提升空间，尤其是海上的科技合作。中国与东盟之间的海上科技合作不仅可以在许多新技术的层面上开展，更可以在基础的海洋物理、海洋生物、海洋地质等方面拓展。双方可以利用各自的优势，将海洋基础科学的研究推向深入。

“21世纪海上丝绸之路”对目前中国与其他国家的海上合作的推进提出了新的要求，也提供了深化合作的机遇。中国与东盟国家之间的海上合作历史悠久，近年

① 国际在线. 中国-东盟科技合作渐入佳境. (2014-01-20). http://gb. cri. cn/42071-01/20/5931s4396866. htm.

② 蔡鹏鸿. 中国-东盟海洋合作：进程、动因和前景. 国际问题研究, 2015, 4:17-18.

③ 刘赐贵. 发展海洋合作伙伴关系推进21世纪海上丝绸之路建设的若干思考. 国际问题研究, 2014, 4:1-8.

来也在多方面取得了系列成果。但受各种因素影响，中国与东盟国家之间的海上合作目前存在不均衡、不深入、不全面等问题。尤其是近两年随着南海问题的升温，中国与东盟在深化海上合作方面遇到了一些阻碍，中国需要与东盟有关国家积极磋商，采取措施来解决目前存在的问题。

三、深化中国-东盟海上合作的国际政治经济学思考

前文对“21世纪海上丝绸之路”背景下中国与东盟之间现有的海上合作进行了梳理，提出了目前海上合作存在的问题。奥耶提出的由报偿结构、未来的影响和参与者数目三个核心因素组成的考察国际合作的模型，对我们理解国际合作及中国与东盟之间的海上合作具有重要的启发意义。

（一）改善现有的中国与东盟国家之间海上合作的报偿结构

正如前文所论述，国家是一个复杂的行为体，国家在国际行为中是追求绝对收益还是相对收益要根据不同的国际与国内情势进行分析。目前中国与东盟国家之间开展海上合作最大的障碍就是南海的海洋划界与领土争端。部分东盟国家不愿与中国加强合作的原因就是担心合作的深化会导致其对中国形成依赖，从而在南海问题上最终受制于中国。然而现实情况是，东盟多数国家力量并不雄厚，尤其是与中国存在海洋争端的国家，其国内的经济与国防实力都是比较有限的。因此，中国可以改善合作中对他国的报偿结构，适度提升其在合作中所能得到的预期收益，以促进相关国家与中国进行合作。例如，中国可以在保护好整体利益的前提下，为东盟国家适当提供更多的海上贸易优惠政策。中国需要认清，在中国的贸易结构中，东盟各国所占比例并不大，但是对东盟国家而言情况则不同，他们与中国的经贸关系很大程度上影响着其国内经济的发展。适度出让经济利益将有利于“21世纪海上丝绸之路”前期在东盟地区的顺利推进，这对于未来而言利大于弊。再比如，东盟相关国家参与申报中国-东盟海上合作基金的热情仍然较低，中国可以单方面利用该项基金实施一些真正对东盟其他国家有所助益的海上公共服务与海上科技项目。中国还可以利用亚投行这个多边机制，帮助相关国家完善其港口建设和维护航道安全，这也将有利于中国的海上贸易。此外，面对其他国家对中国军事实力的担忧而不愿

与中国开展海上军事安全合作，中国可以有选择性地提升海军建设的透明度，并且主动与其他国家进行沟通，减少东盟与中国之间的信任赤字和信息沟通之间的成本，尽力避免误判而造成海上军事摩擦或冲突。在必要时，中国可以采取议题联系的手段来促进海上合作以推进海上丝绸之路的建设。例如，中国可以将东盟国家不太感兴趣的安全合作、公共服务合作与其最感兴趣的经济合作联系起来与东盟国家进行协商，以推动双方在海上安全与公共服务上的合作。

（二）增强现有中国－东盟海上合作对未来的影响

部分东盟国家缺乏与中国深化海上合作的政治意愿，这是中国必须要承认并且需要解决的问题。中国需要通过宣传、对话等手段让东盟相关国家认识到，中国与东盟之间在海上无论是合作还是冲突，都将是一个长期的过程。这个长期的过程必然伴随着中国在东南亚和亚洲地区的权势增长，因此加强与中国的海上合作不仅有利于现在的经济发展，更有利于长期的稳定。同时，也让东盟国家逐渐认识到，与中国开展合作将是一个互惠、双赢的过程。伴随着这个长期接触过程，中国需要制定明确的回报战略。罗伯特·阿克塞尔罗德提出的“一报还一报”战略对增进国际合作有着一定的指导意义。简单来说，“一报还一报”的核心观点是国家在国际合作中应该是“善良”的，即在交往中从不主动背叛对方；当对方选择合作时，本国也随之采取合作的方式来回报对方，当对方选择背叛时，本国也采取背叛来惩罚对方；本国采取合作还是背叛的策略都取决于对方的选择，从而让对方清晰地认识到本国的回报战略。“一报还一报”的战略在中国增进与东盟之间的传统安全合作和经济合作上可以得到较好的运用。为了推动“21世纪海上丝绸之路”在南海地区的顺利进行，中国需要在最近的一段时间内采取更为审慎的战略，避免因为南海问题进一步加剧中国外交目前面临的困境，即尽量不采取，或者尽可能低调采取“背叛”的策略。如果东盟其他国家在海上安全或经贸上采取背叛战略，中国也要采取措施进行惩罚报复，报复力度不宜过大，可以起到惩罚效果即可。如果他国主动与中国谋求合作，中国也要及时予以合作回应。同时，中国在外交上也要澄清施行惩罚或者合作的原因，让他国清晰地认识到中国的回报战略。最后，中国要增强当前的合作对未来的影响，要让其他国家认识到当前的选择会影响到未来较长一段时期内中国与其在该议题乃至其他议题内的双边关系。中国也可以在海上合作的磋商过程中适度推动合作项目的时间延长、规模扩大，促成双边合作的长期有效性。

（三）降低因参与者过多带来的集体行动困境

中国可在有条件的情况下增加更加有效的双边海上合作，以减少国际交往中的参与者数目。目前，中国在南海地区面临的一个挑战就是东盟国家出现"抱团"与中国进行对抗的趋势，这也给中国加强与东盟的海上合作提出了极大的挑战。中国仍需保持以往的战略，尽量将南海争端的解决维持在双边谈判协商的框架之下，减缓南海问题的国际化，从而避免其继续恶化而影响到中国与东盟的合作关系。当然，这将对中国外交提出极大考验。与解决冲突的思路类似，在促进海上合作方面，中国也需要将更多精力投入到与东盟主要国家的双边合作中。近两年中国与印度尼西亚之间的海上合作进展很快，两国达成的双边合作协定也得到了落实。双边合作不仅可以对其他国家形成示范效应，而且具有更强的法律约束力。相反，中国与作为一个整体的东盟之间达成的很多海上合作共识都是"联合宣言"形式而非正式的协定，因此约束力都很低，对东盟成员国的国家政策更没有多大的决定意义。因此，中国与东盟各成员国开展双边的海上合作成为一种理想的选择。当然，中国与东盟加强海上合作不可能仅仅依赖参与者很少的双边或者三边合作，尤其是当前在东盟共同体建设加快的情况下，中国与东盟在很多领域进行多边合作成为一种必须。在这种情况下，中国为了加强与东盟之间的海上合作深度，应该探索更为有效的多边合作机制，同时建立起有效的国际制度，使参与者数目较多时海上合作的效果能够有效达成并落实，从而降低多行为体带来的高交易成本，避免合作中"搭便车"情况的出现。具体而言，中国要继续推进中国-东盟自由贸易区升级版的出台，以自贸区建设推动海上经济合作。在海上安全、经济、公共服务和科技交流上，中国要推动与东盟建立专门的海上合作磋商机制，重视双方在该领域内的合作潜力，加强与东盟各国就达成的海上合作共识的落实进行协商，积极沟通，尽量避免信息不对称情况的出现。

全球气候变化环境下北极航道资源发展趋势研究

刘大海　马云瑞　王春娟　邢文秀　徐　孟

摘　要：首先，本文对北极航道文献资料进行了系统整理，总结其通航历史和现状情况；然后，从全球气候变化大环境角度分析影响北极航道通航的多个环境因素，包括全球变暖、北极地区大气环流改变以及风力作用增强冰盖本身性质的改变等；基于此，分析预测在全球气候变化环境下，北极航道资源发展呈三个“新常态”的趋势，即“世界政治经济重心向北偏移，环北冰洋国家崛起”、“北极圈周边政治格局改变，新北极国际关系逐步建立”、“北极航道资源利用逐步常态化，北极航线贸易、船舶和人员专业化成为新特征”；最后，综合分析提出我国在北极航道资源发展“新常态”下的应对策略。

关键词：气候变化；北极；航道资源；新常态

近年来，随着全球气候变暖，北极海冰逐渐消融，北极航道以其潜在的航运价值和战略意义成为各国关注的焦点[①②]。IPCC预测北极夏季自2070年开始将出现无冰时代[③]。然而按照中国第四次北极科学考察的相关研究成果推测：北极海冰的实际变化速率远高于IPCC的预测，可能在未来的30～40年内，或者2035年前后，北冰洋就将出现无冰的夏季[④⑤]。美国加州大学洛杉矶分校学者最新研究结果显示：21世纪

① CresseyD. Arctic Melt Opens Northwest Passage. Nature News, 2007, 449(7160):267−267.

② 张侠，寿建敏，周豪杰. 北极航道海运货流类型及其规模研究. 极地研究，2013, 25(2):167−175.

③ 李振华. 未来北极热. (2013−07−07). http://finance. ifengcom/a/20130707/10092025_0. shtml.

④ JonesN. Towardsan Ice−free Arctic. Nature Climate Change, 2011, 1(8):381−381.

⑤ 余兴光. 中国第四次北极科学考察报告. 北京：海洋出版社，2011.

中叶，破冰船或许能在夏季穿过北极点通航，从而开辟一条可能改变全球海洋航运格局的新航道[①]。北极航道的通航能大大缩短亚洲到欧洲、太平洋到大西洋的海上距离，对世界以及我国都具有重要的经济和战略意义。因此，有必要深入研究全球气候变化环境下北极航道资源发展趋势，探讨北极航道资源发展的“新常态”，并形成我国的应对策略。

一、北极航道概述

北极航道，是指横贯北冰洋，连接大西洋与太平洋的海上航道。因其受北冰洋冰情影响很大，所以船只航行路线一般都是在北极圈周围的大陆附近的海域[②③]。北极航道具体包括西伯利亚沿岸的东北航道、加拿大北岸的西北航道，以及近年来由于北极冰情变化可能开通的北极点航道等。从文献记载中可以发现，传统意义上的北极航道包括东北航道和西北航道，但值得注意的是两条航道并没有公认的起止点。

东北航道一般指西起冰岛、经过北冰洋巴伦支海、喀拉海、拉普捷夫海、东西伯利亚海至俄罗斯北部楚科奇海的航道，是联系欧洲大陆和亚洲大陆的海上最短航线。东北航道有较长一段处于俄罗斯北部北冰洋区域，因其在历史上对俄罗斯有着重要作用及特殊意义，被称为“北方海航道”[④]。

西北航道一般指东起戴维斯海峡，沿加拿大北岸群岛水域向西，到美国的阿拉斯加北部波弗特海的航道，是沟通太平洋和大西洋的一条航道，但由于加拿大的北部岛屿众多，航行时路线并不唯一[⑤⑥⑦]。

北极点航道指穿过北冰洋的中心区域，能够从白令海峡出发，向北直接到达格陵兰海或挪威海的航道。随着近年来北极冰川消融，有研究者在对北极当前情势分

---

① 全球变暖可能使北极新航线本世纪中叶贯通. (2013-03-06). http://news. xinhuanet. com/environment/2013-03/06/c_124424648. htm.

② 王丹, 张浩. 北极通航对中国北方港口的影响及其应对策略研究. 中国软科学, 2014, 3:3, 284.

③④ 王洛, 赵越, 刘建民, 等. 中国船舶首航东北航道及其展望. 极地研究, 2014, 26(2):276-284.

⑤ 王丹, 李振福, 张燕. 北极航道开通对我国航运业发展的影响. 中国航海, 2014, 1:141-145.

⑥ VanLoon A J. Explorers. Challenge Sunk by Arctic Warming. Nature, 2007, 450(7167):161-162.

⑦ 钟晨康. 北极东北航道安全策略. 中国船检, 2013, 11:84-87.

析和未来趋势推测后，提出北极点航道通航的设想。但由于北极点附近多年冰居多、冰层密集，该航线作为最后可能开通的北极航线，在现阶段并不具备通航能力[①②③]。

二、北极航道的通航历史与现状

人类在北极航道的探索过程中曾付出惨痛的代价。从16世纪开始到19世纪，苏联、荷兰、英国、加拿大等国都进行了诸多尝试，但受北极地区常年存在浮冰、气候恶劣且多变、无法保障航行船只的补给和救援等因素影响，损失了大量的人力和物力。到了19世纪末20世纪初，西北航道和东北航道才先后被打通，但由于通航仍然受冰情等自然条件的限制，北极航道的商业价值并不明显[④]。在早期探索中，严峻的冰情形势一直是阻碍通航的首要因素。

近年来随着北极冰川加速融化，北极航道受季节限制和冰情制约逐步减轻。2009年，德国两艘货船成功通过了东北航道[⑤]之后，东北航道上的商业航行逐年增加。据统计，每年通过东北航道的商船数持续增加，从2010年的6艘增加到2013年的600余艘[⑥]。中国第5次北极科考“雪龙”号破冰船，于2012年经白令海进入北冰洋，穿越东北航道顺利抵达冰岛，这是我国船舶东北航道的首次穿越。2013年，中远集团“永盛”号是中国穿越东北航道的第一艘商船，航程比经过马六甲海峡、苏伊士运河的传统航道缩短了3000多海里，航行时间减少了近10天[⑦]。

从发展历史来看，随着北极冰川融化，阻碍北极航道通航的主要因素——海冰正在逐渐减少乃至消失。北极航道从全年冰封的状态，到近年来部分航段区域每年的通航时间已能达到40 ~ 60天，在不久的将来可能会实现全年通航。在全球气候变化大环境下，北极冰情及北极航道资源的发展趋势逐渐成为研究热点。

---

① 闫力. 北极航道通航环境研究. 大连：大连海事大学, 2011.

② 何昭, 吴艳蕊. 北极航道：我国未来的“黄金水道”. 地理教育, 2013, 10:63−63.

③ 张云波. 论北极航道法律地位及其对中国的影响. 北京：外交学院, 2013.

④ 郭培清, 管清蕾. 东北航道的历史与现状. 海洋世界, 2008, 12:67−68.

⑤ 东北航道完成“破冰之旅”. (2009−10−01).http://info. jctrans. com/news/hyxw/2009101806883. shtml.

⑥ 李春花, 李明, 赵杰臣, 等. 近年北极东北和西北航道开通状况分析. 海洋学报, 2014, 36(10):33−47.

⑦ 中远“永盛”轮成功首航北极航线. (2013−09−11). http://news. xinhuanet. com/world/201309/11/c_117325225. htm.

三、全球气候变化对北极航道资源的影响

全球气候变化对北极航道资源的影响，主要体现在北极冰川的变化方面。从这个角度来说，气温升高、环流和风场改变等因素都会对冰川变化产生一定的影响。

首先，全球变暖对北极航道的影响最大。一些学者提出气候变暖导致航线上海冰逐渐消融，因此北极航道通航可能性日益增大[①]。研究者对北极海冰的年际变化规律，以及北极航道通航的可能性进行了大量研究和预测，结果显示：全球变暖导致冰川加速融化，且冰川固有热力、动力学性质发生变化会导致全球变暖进一步加剧[②]。由此可见，制约北极航道开通的海冰面积正在逐渐减小。

其次，大气环流改变以及极区风力作用增强也对北极航道有重要影响。一是在大气环流改变方面，北极区域海冰的分布在一定程度上受高纬度大气环流的影响[③]。全球气候变化使高纬度大气环流发生改变，影响海平面上的风向和风力，从而使北极不同海区的海冰面积会出现不同的生消现象[④⑤⑥]，影响北极航道通航。二是在北极地区风力作用方面。一般来说，冬季是北极冷空气的活跃期，洋面上暴风雪多发，夏季是北方冷空气的非活跃期，产生大风的概率非常低[⑦]。但随着北极冰川融化，北极航道开通时间越来越长，风区伴随着越来越多的开阔水域而增长，在气候变化的影响下，北冰洋海域的风力作用及由其所产生的海冰动力特征愈加明显[⑧]，这也是影响北极航道通航的另一个因素。另外，在北极航道航行的船舶因自然条件限制行驶速度低，更容易受到风力作用的影响。

此外，冰盖本身性质的改变会加速北极航道海冰融化而影响通航。研究表明，北极冰盖的性质改变会影响海冰的消退，如多年冰变薄、反射性质改变等[⑨]。另

---

① 中远“永盛”轮成功首航北极航线. (2013−09−11). http://news. xinhuanet. com/world/201309/11/c_117325225. htm.

② 魏立新，秦听，马静. 北极海冰与北半球大气环流及气温的相关性分析. 海洋预报, 2013, 30(4):12−17.

③ 柯长青，彭海涛，孙波，等. 2002—2011年北极海冰时空变化分析. 遥感学报, 2012, 17(2): 452−466.

④ 蒋全荣，王春红. 北极海冰面积变化与大气遥相关型. 气象科学, 1995, 15(4):158−165.

⑤ Comiso J C, Parkinson C L, Gersten R, et al., Accelerated Declinein the Arctic Sea Ice Cov. er. Geophysical Research Letters, 2008, 35(1):179−210.

⑥ 方之芳，郭裕福，乔琪，等. 北极海冰减少及其与相关气象场的联系. 高原气象, 2002, 21(6):565−575.

⑦ 顾维国，肖英杰. 北冰洋海冰变化与船舶通航的展望. 航海技术, 2011, 3:2−5.

⑧ 张敏娇. 论气候变化条件下北极治理面临的抗战及思考. 武汉：华中师范大学, 2013.

⑨ 薛彦广，关皓，董兆俊，等. 近40年北极海冰范围变化特征分析. 海洋预报, 2014, 31(4):85−91.

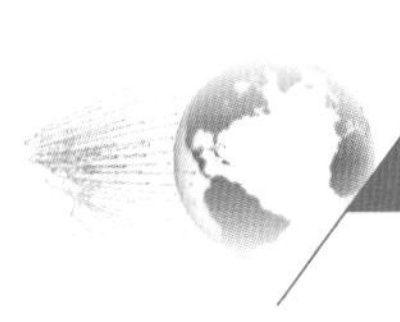

外，随着全球空气污染日益加剧，大气中的粉尘、悬浮物等持续增加，这些物质由大气环流进入北极地区，粉尘、烟灰覆盖在冰雪上，改变了下垫面的反射性质，导致冰雪吸收更多的太阳辐射，使得海冰快速消退[①]。

综上所述，在全球气候变化环境下，北极航道的开通时间愈发提前，虽然航道通航会受到很多不确定的因素影响，但毋庸置疑的是，在可预见的未来北极航道开通已成为很多人的共识，北极的航道资源将向全世界展现新的发展趋势。

四、北极航道资源发展趋势分析

在全球气候变化的环境下，北极航道资源逐渐发展，趋于形成一种“新常态”，主要包括世界政治经济重心向北偏移、北极圈周边政治格局改变、北极航道资源利用逐步常态化三个方面的改变。

“新常态”之一：世界政治经济重心向北偏移，环北冰洋国家崛起。北极航道资源的逐步发展，会带动航道沿岸港口、城镇的迅速发展壮大，还会促进北极的油气、生物等资源的开发，世界贸易航运重心可能会逐渐向北偏移，改变世界政治经济格局。同时，北极航道的发展必然提升北冰洋的战略通道地位，导致世界政治格局的改变：俄罗斯、加拿大等环北冰洋第一层位国家崛起，中国、日本等第二层位国家迎来新战略机遇。

“新常态”之二：北极圈周边政治格局改变，新北极国际关系逐步建立。北极因其独特的战略位置和环境条件，一直是北极圈周边国家权益争夺的焦点，随着全球气候变化影响下北极航道开通，周边国家在北极事务上“对外封锁”的旧有思维方式已不能适应新形势，北极圈周边政治格局必然出现新变化。同时，基于国际环境法的传统北极国际关系体系将被打破，更多的国家会参与到北极事务中去，新北极国际关系将逐步建立[②]。对于中国来说，在“21世纪海上丝绸之路”建设的背景下，依托历次北极科考积累的经验基础和良好口碑，将能在新北极国际舞台上发挥

① Stroeve J, Serreze M, Drobot S, et al., Arctic Sea Ice Extent Plummetsin 2007. Eos, Transactions American Geophysical Union, 2008, 89(2):13−14.

② 刘惠荣，杨凡. 国际法视野下的北极环境法律问题研究. 中国海洋大学学报（社会科学版），2009, 3:1−5.

更大作用。

“新常态”之三：北极航道资源利用逐步常态化，北极航线贸易、船舶和人员专业化成为新特征。北极航道相较于传统航线来说具有距离缩短、航行环境安全、拥堵程度低、低温利于货物保存等特点，其一旦开通，将会迅速成为国际航运资源的常态化利用通道之一[①]。具体表现为六大新特征：一是通航路线指南专业化，根据北极航道季节规律和冰情特征有专业化的航线指南[②]；二是北极航道船型和船队专业化，形成适宜北极航道航行的专用船型和船队；三是通航路线港口专业化，即形成专业化的北极航道路线停靠补给港口；四是北极航行人员专业化，形成专业化的北极航道船员队伍，有经验丰富的船长和水手；五是北极航道贸易专业化，形成专业化的北极航道贸易公司、贸易货物类型等；六是北极航道配套设施专业化，即形成系统的适用于北极航行的仪器设备、配套设施等。

上述北极航道资源的“新常态”趋势对于我国的影响是多方面的。首先是新航线的开通，从我国出发到北欧的商船可能会优先选择航行安全系数较高、距离较短的东北航道，逐步形成我国远洋海运的第九条贸易路线[③]。其次可以预见的是北方港口将重新布局，新航运路线的兴起会逐渐影响我国传统重要港口的地位：距离北极较近的北方大港货运量将会增大，地位增强。这些影响和随之而来的深层变化很值得关注，一些重大战略问题亟须深刻思考，如：如何应对成为北极理事会观察国后的机遇和挑战；如何开辟我国东北地区新出海口；如何选择北极航道新海上丝绸之路的战略支点，等等。有必要从国家层面，加强重视，深入研究，尽早形成以我国新北极战略为核心的一系列战略部署和应对措施。

五、我国的应对策略

全球气候变化环境下北极航道开通时间可能大大提前，在世界经济政治重心向北方偏移，环北冰洋国家崛起等“新常态”之下，我国国际和国内发展战略部署也

①③　北极航道：或成我国第九条远洋运输航线. (2010-03-18). http://jjckb. xinhuanet. com/cjxw/2010-03/18/content_212529. htm.

②　中华人民共和国海事局. 北极航行指南（东北航道）. 北京：人民交通出版社, 2014.

应随之改变。我国作为北极圈第二层位的国家，应该加紧推进新北极国家战略、壮大北极开发能力、积极参与北极国际合作，做好应对北极航道提前通航的准备。

（一）推进我国新北极国家战略部署

在国家层面加大对北极航道资源发展和新格局趋势的研究，尽早制定未来新北极国家战略；调整适应北极通航的交通布局规划及港口码头规划，逐步完善我国国际航运中心布局，逐步形成适应北极航道资源变化的海洋空间整体战略布局；针对北极自然环境的特殊性和北极航道资源发展的“新常态”趋势，充分认识气候变化影响下北极航道通航条件的复杂性和不确定性，未雨绸缪，做好相关安全保障和战略储备。

（二）大力加强我国的北极开发能力建设

推进北极基地和新科学考察站建设，为未来北极开发提供陆基综合服务平台；大力发展极区船舶制造技术，尤其是要提高在极区航行中的抗冰和破冰能力，为船只在北极航道的正常通航以及航行安全提供保障；加大极区装备研发力度，重点提高极区装备设施的抗冻性能；重视北极相关人才培养，培养极地科研人才以及有极区航行经验的船长、水手等专业技术人员，加强极地开发所需的人才储备。

（三）积极开展北极科考和极地研究工作

加大对北极地区的科学考察活动以及极地研究工作的重视，增加北极相关研究项目、课题和专项的经费投入，为极地研究提供充足的资金支持和便利条件；增加北极科考的实施频次、领域广度和研究深度。通过北极科考，进一步了解北极地区及周边海域状况，丰富与北极航道资源相关的资料，为我国北极开发和航道通行提供丰富的气象、水文和地理数据资料；在北极航道重要地区设立长期观察站点，定期定点获取数据，提高北极科考和极地研究工作的连贯性、持续性。

（四）积极参与北极国际合作

2013年5月15日，中国成为北极理事会的正式观察员，应借此契机积极参与各种关于北极的世界国家合作机制。在北极航道资源的开发利用方面，要特别重视妥善处理北极通航外交事宜，利用有效的外交手段积极参与有关国际规章制度的讨论与制定，倡导各国在表达自身利益诉求的同时开展合作与对话，提升我国在北极相关合作事务中的话语权。

北极航道通航与北极资源环境的可持续发展研究

王春娟　刘大海　徐　孟　李晓璇　于　莹　邢文秀

摘　要：北极航道是全球变暖背景下连接北美、西欧和东亚的黄金水道，是未来的能源通道。随着北极海冰的快速融化，北极航道的航运能力不断增强，在促进北极资源勘探开发、缓解能源危机的同时，也将加重北极地区生态环境承载的压力，引发一系列的生态环境效应。本文探讨北极航道通航带来的资源环境效应，基于系统动力学分析其正负效应，并提出北极航道通航的资源环境可持续发展对策。

关键词：北极航道；通航；资源；环境；可持续发展

一、引言

当前北极海冰以两倍于全球气候平均变暖的速度融化，且有进一步加速的趋势。2012年9月，据美国国家冰雪数据中心（National Snow and Ice Data Center，NSIDC）的观测数据显示，北极夏季海冰面积创历史新低。有专家推断，到2020年前后北极地区夏季可能进入完全无冰的状态[①]。随着北极海冰的融化，北极航道通航能力逐渐增强，其商业通航这一愿景越来越接近现实。同时，北极地区丰富的自然资源和北极航道本身的优越性，也是实现商业通航的推动力。

① 北极夏季海冰面积萎缩至历史最低值. http://www. most. gov. cn/gnwkjdt/201210/t20121031_97513. htm.

北极航道通航带来的巨大的商业价值，吸引着世界各国对于北极地区能源资源开发权及北极航道航行权的关注与争夺。随着航道开通条件的日益成熟，通航能力的增强及能源资源的开发势必会给北极地区脆弱的生态环境造成相当程度的影响。资源与环境问题是21世纪人类发展面临的重大问题，在北极航道通航的大背景下，如何平衡能源资源与生态环境之间的和谐发展成为制约北极甚至全球其他地区未来发展的关键因素。因此，亟待针对北极航道通航所带来的北极资源影响和生态环境效应开展研究，为协调资源开发与环境保护、保证北极地区的可持续发展提供理论支撑。

二、北极航道通航情况分析

北极航道是指贯穿北冰洋、连接大西洋和太平洋的海上航道，包括东北航道、西北航道和北极点航道（见图1）。东北航道在国际上没有固定的路线和公认的起终点，一般是指西起冰岛，经北冰洋巴伦支海、喀拉海、拉普捷夫海、东西伯利亚海和楚科奇海，穿越欧亚大陆北方的海域，向东经白令海峡到达北太平洋，其中俄罗斯北部沿海的那段航道称为“北方海航道”[①]。西北航道的起点说法不一，一般是指东起戴维斯海峡和巴芬湾，向西穿过加拿大北极群岛水域，经美国阿拉斯加北面波弗特海，穿过白令海峡到达太平洋。北极点航道指的是从白令海峡出发，经俄罗斯或北美沿岸，直接穿过北冰洋中心区域到达格陵兰海或挪威海，由于北冰洋中心区域的冰为多年累积的密集厚实海冰，该航线将作为最后一条航线开通利用，目前主要应用于科考和旅游[②]。

---

① 北极问题研究编写组编. 北极问题研究. 北京：海洋出版社, 2011.

② 闫力. 北极航道通航环境研究. 大连：大连海事大学, 2011.

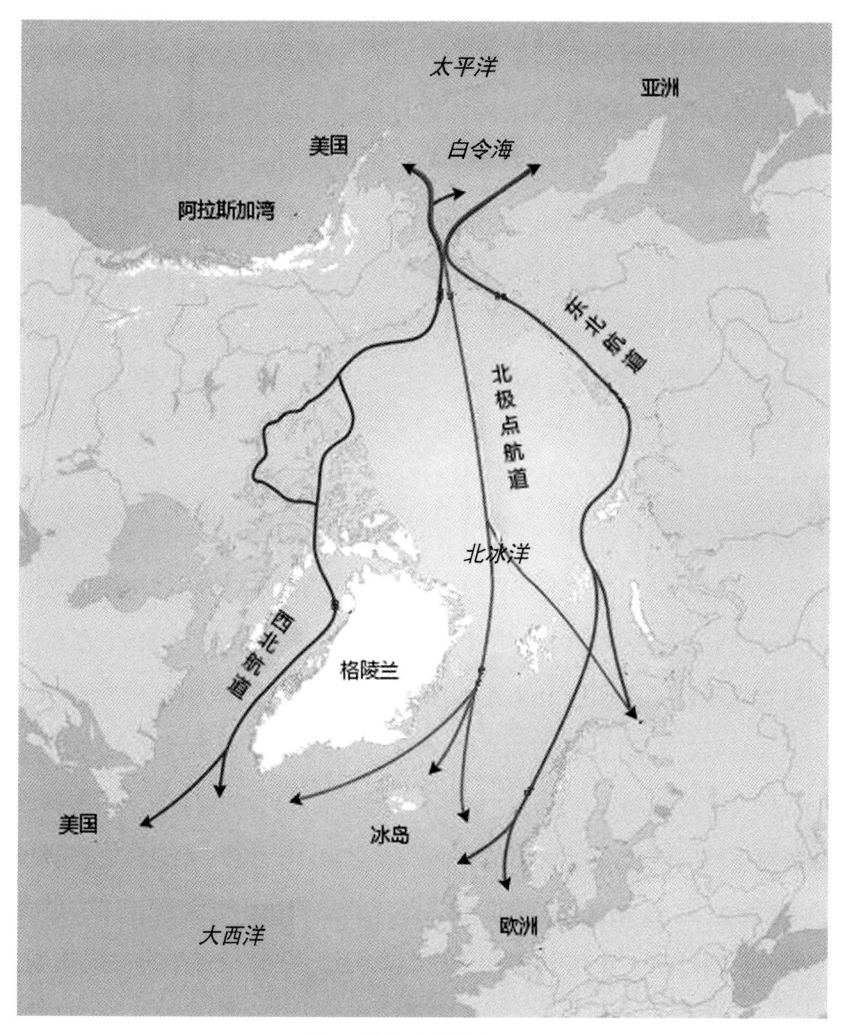

图1　北极航道通行路线

海冰的加速融化使航道所经海域同时开通的时间段逐步稳定，开通的天数逐渐增加。通过对2009—2013年间航道的海冰数据情况进行分析，发现东北航道全线开通期主要集中在8月下旬至10月上旬，开通总天数多在40～50天，其中2011年开通天数最长，达82天（见图2）；西北航道开通期主要集中在8月上中旬至10月上旬，开通总天数多在50～60天[①]。

① 李春花，李明，赵杰臣，等. 近年北极东北和西北航道开通状况分析. 海洋学报（中文版），2014, 10:33−47.

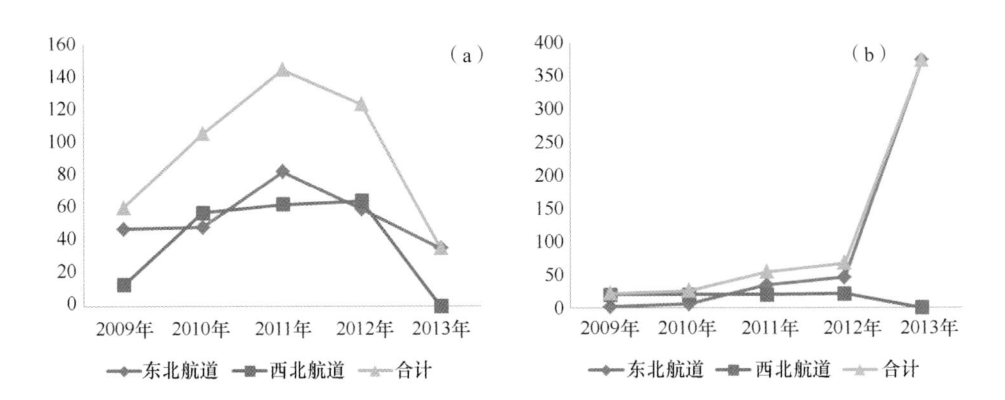

图2　2009—2013年北极航道通航能力变化趋势

（a）全线开通天数（天）；（b）船舶通过数量（航次）

作为北极航道通航的“推进器”，全球气候变暖能够延长航道的通航时间，加大航道的承载能力，同时降低对航行船舶的破冰要求，进而使得自然船的通行率逐渐增大。随着北极航道通航能力逐渐增强，航道的优越性吸引着世界各国纷纷进行商业航行。2008年，一艘名为“TheMVCalniliaDesgagnes”的货船成功穿越西北航道，在一定程度上标志着北冰洋船运新纪元的到来[①]；2009年夏，德国两艘货船成功穿越东北航道，实现了北极航道的首次商业之旅[②]；2013 年9 月，隶属中远集团旗下的“永盛”轮顺利通过东北航道抵达挪威北角附近，它是我国第一艘完成北极航行的商船[③]。2013年，穿越东北航道的商业船舶由2009年的2艘次提高到372艘次（见表1）[④]。相比于东北航道，西北航道的海域、岛屿及海峡更加曲折复杂，船只通过数量相对较少，但总体呈现增加趋势。据统计，西北航道的船舶通过数量，从20世纪80年代的每年4艘次，上升到2009—2011年的每年20艘次，2012年达21艘次（见表1）[⑤]。

---

① 闫力. 北极航道通航环境研究. 大连：大连海事大学, 2011.

② 东北航道完成“破冰之旅”. (2009-10-01). http://info. jctrans. com/news/hyxw/ 2009101806883. shtml.

③ 马娜娜. 北极航道法律问题研究. 大连：大连海事大学, 2014.

④⑤ 郑中义. 北极航运的现状与面临的挑战. 中国远洋航务, 2013, 10:46-49.

表1　2009—2013年东北航道和西北航道开通天数及船舶通过数量

		2009 年	2010 年	2011 年	2012 年	2013 年
航道全线开通天数（天）	东北航道	47	48	82	59	35
	西北航道	13	57	62	64	未开通
	合计	60	105	144	123	35
船舶通过数量（艘次）	东北航道	2	6	34	46	372
	西北航道	20	20	20	21	—
	合计	22	26	54	67	372

三、北极航道通航的资源与环境效应分析

随着北极航道通航天数和通过船只艘次逐年增加，北极航道实现全线通航的可能性日益加大。北极地区丰富的资源和利用前景使各国对北极油气、天然气水合物、各种矿产等能源资源的掠夺侵占日益增强，人们对北极地区自然资源的追求必然引发对北极航道全线通航的强烈渴望，进而推动航道的通航尽快成为现实，反过来，航道的通航也将进一步增加各国对于北极地区资源的勘探和开发力度。随着通航能力的增强及通航成本的日益降低，北极航道为北极资源的开发和输出提供经济便利的海上通道，资源开发将逐步规模化，贸易流动将逐步常态化，而这将导致航道的通行压力不断增大，随之而来的是船舶污染排放量的增加，加上资源开发不可避免地会引起的环境破坏，这一系列效应均将对脆弱的北极生态环境带来相当程度的影响。

（一）对北极资源的影响

北极地区资源丰富，矿产资源储量丰富，煤炭储量约占世界的9%，还有大量的金、银、铜、铁、铅、铀、钚和钴等稀有金属矿藏[①②]；油气资源储量巨大，据2008年美国地质调查局公布的北极地区油气潜力评估报告，油气资源潜力占全球

① 史春阳．“北极五国”争北极．世界知识, 2010, 22:44−45.

② 潘正祥，郑路．北极地区的战略价值与中国国家利益研究．江淮论坛, 2013, 2:118−123.

未探明储量的25%左右，其中石油储量约占全球储量的13%[①]。另外，北极渔业资源、风力资源、水力资源等也具有相当可观的经济价值[②]。

北极航道与北极资源的紧密联系，必然使北极在资源勘探、开采和运输等领域成为对北极国家和非北极国家最具有吸引力的地区。在自然环境变化及能源紧缺的大趋势下，北极航道通航将引起各国对于北极资源的争夺，加速北极资源的开发。一方面，北极航道为资源勘探开发提供海上通道，各国将进一步加大对北极资源的勘探开发程度，而初级的、以短期经济利益为目的的勘探开发必然会给脆弱的北极环境带来相当程度的影响；另一方面，伴随着北极资源勘探开发程度的加深，不仅增加了北极航道的通航量，同时也加大了各国对北极航道的依赖程度，使其成为名副其实的“北极能源通道”，承载着北极资源的运输。

1. 将引发全球“北极资源争夺战”

目前，俄罗斯、加拿大、美国、丹麦、挪威5国已经对北极资源进行了一定规模的开采。北极海上油气的开发已有90多年的历史，2011年北极油气日产量为800万桶油当量，累计产油约400亿桶，天然气1100万亿立方英尺，产油区主要集中在俄罗斯和美国的阿拉斯加[③]。此外，美国在阿拉斯加西北岸建立了地球最大的锌矿开采基地，而在俄罗斯的东西伯利亚，有世界闻名的诺里尔斯克镍矿综合企业。最近十几年，加拿大也在北极地区开发了3个钻石矿[④]。

航道的开通使北极资源的开发和输出成为可能，越来越多的国家参与到北极航道和油气资源的争夺中，2011年有20多个国家布局了北极地区的开发项目[⑤]。北极5国为控制北极，获取北极资源，争相以各种形式提出自己在北极地区的领土主张，同时也采取各种措施为争夺北极主权提供保障，如加拿大通过建造破冰船、建设军事基地等加强军事存在；美国通过加大北极科研力度为主权诉求寻找依据；丹麦、

① USGS. Circum-Arctic Resource Appraisal: Estimates of Undis-covered Oiland Gas North of the Arctic Circle. http://pubs. usgs. gov/fs/2008/3049.

② 郭丛溪. “北极之争”法律问题研究. 重庆：西南政法大学, 2010.

③ 雷闪, 殷进垠. 北极油气开发现状分析与战略思考. 中国矿业, 2014, 2:16−19, 23.

④ 中国证券网. 北极资源丰富战略地位重要：寒地正在变热土. http://www.cnstock.com/index/gdbb/201009/841459.htm.

⑤ 闫磊, 蔡汉权. 20多国加入北极航道和油气资源博弈. 经济参考报, 2011−09−13(5).

俄罗斯均制定了北极开发战略，将北极作为国家发展的能源战略基地[①]。由于地缘政治等因素，目前北极资源的开发主要集中在北极国家。其实北极丰富的能源早已引起诸多非北极国家的重点关注，许多条件具备的国家蓄势待发。如韩国正在建造北极油轮，同时计划建造适应北极航行的双机桨液化天然气船，以满足未来对北极油气资源的运输需求[②]。

2. 北极航道作为“北极能源通道”加速对北极资源的勘探开发

从全球能源运输的角度看，北极航道具有巨大的优越性。北极航道是连接北美、欧洲和亚太地区的最短通道，大大缩短了各地区之间的航程距离；距离优势减少了航行时间，进而减少了船舶燃油费、船员工资等费用，使运输成本降低；此外，相比于传统航道，北极航道不受海盗等不稳定因素的影响，安全系数相对较高。

这些优势将使北极航道在未来全球能源流动中发挥重要作用，北极航道作为北极能源载体将推动北极能源的运输，促进北极资源的勘探，加速北极地区油气、矿藏等资源的开发利用。有数据显示，北极地区预计可开采的石油储量中，俄罗斯所占份额最多，达52%，美国占20%，挪威占12%，丹麦占11%，加拿大占5%（见图3）[③]。俄罗斯、加拿大和挪威3国在北极的石油储量所占份额相对较大，北极能源开发将增加其能源产出总量，同时增强其能源运输的需求，加大对北极航道的依赖性，尤其是俄挪两国对于利用北极航道进行石油出口具有很强的迫切性。2010年8月和9月，俄罗斯利用北极航道运送8万吨原油到中国；2012年12月，“鄂毕河”号油轮成功完成世界首次北极航线液化天然气的运输[④]，充分证明了北极航道为俄罗斯的能源运输提供了新的路径。研究指出，未来北极石油的海运贸易将占到全球石油贸易总量（包括海、陆、管道等方式）的26.5%左右[⑤]。可以预见，在全球对北极石油资源需求日益增加的形势下，北极航道运输的经济性及安全性将增加各国

① 牛海荣. 北冰洋油气资源引发群雄逐鹿. 中国证券报, 2009-11-03(4).

② 顾永强. 北极能源争夺再度升级. 中国经济导报, 2010, 9:1-2.

③ 北极圈石油储量900亿桶美俄占大部分中国大有希望. (2015-03-03). http://business.sohu.com/20150303/n409281273. shtml.

④ 邹志强. 北极航道对全球能源贸易格局的影响. 南京政治学院学报, 2014, 1:75-80.

⑤ 何一鸣, 周灿. 北极开发对世界原油海运格局的冲击——基于区位理论和主要原油进出口地的动态分析. 资源科学, 2013, 8:1651-1660.

对北极地区石油的勘探开发，推动能源供给国和需求国加大利用北极航道实现能源进出口。

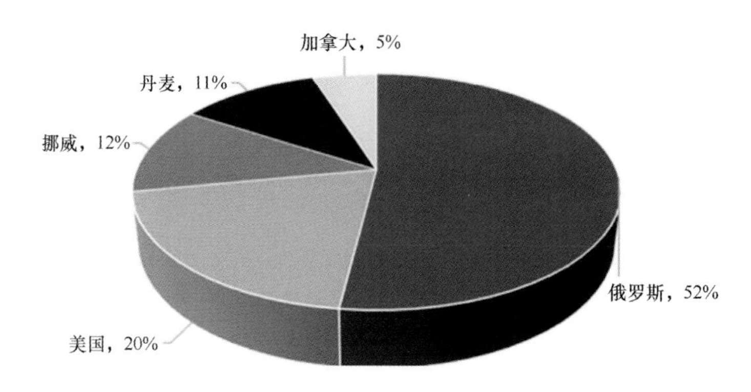

图3　北极预计石油储量各国所占份额

（二）生态环境效应

北极地区常年被冰雪覆盖，生态环境十分脆弱，自我调节及生态恢复能力较弱。随着全球气候变暖和人类活动的影响，目前北极地区的生态环境不容乐观。

北极的加速变暖威胁着北极生物的生存。一方面，温度上升直接导致北极部分生物群落发生迁移，同时海冰加速融化使得北极地区与海冰相关的食物链在部分海域消失并被较低纬度的海洋物种所取代，以海冰为栖息地和繁殖地的鸟类和哺乳动物等面临威胁；另一方面，气候变暖加速北极地区臭氧层的消耗，导致北极地区极端天气现象的出现[①②③④]，进一步威胁北极生物的生存。

北极的环境已经受到一定程度的污染。由于全球生态系统的整体性特点，其他地区放射性污染物、有毒污染物和酸性污染物，随着大气循环、海洋循环以及北极航道航船的载入最终被带入北极，加上人类在北极地区资源的开采、加工、航行和旅游等活动频率的增加，造成北极地区的空气及海洋环境污染严重。而污染物通过

① 姚慧贤. 北极生态环境保护法律制度研究. 南昌：南昌大学, 2012.

② 孙凯, 郭培清. 北极环境问题及其治理. 海洋世界, 2008, 3:64−69.

③ 王桂忠, 何剑锋, 蔡明红, 等. 北冰洋海冰和海水变异对海洋生态系统的潜在影响. 极地研究, 2005, 3:165−172.

④ 常晶, 郭培清. 更加复杂的北极生态困境. 海洋世界, 2009, 8:36−39.

生物链的富集又会威胁到海洋生物、动物甚至是人类的健康 [①②]。有研究发现在挪威和俄罗斯地区的北极熊血液和脂肪中存在很高的多氯联苯（PCBs）物质，目前，有部分北极熊、海豹和海象出现了脱毛和皮肤溃烂的症状 [③]。

北极航道通航优越性与北极资源丰富性的双重结合，使航道通航与资源开发之间形成相互促进的正反馈作用，作用的结果是加速了资源开发，增大了通航压力，北极脆弱的生态环境将面临巨大的考验。

1. 北极地区环境污染加重

北极航道开通带来的船舶通过数量增加及能源资源的规模性开发均会加剧北极地区海域污染和大气污染，污染主要来自船舶航行和能源开发过程中废水、废气和废弃物的排放。

石油等物质泄漏对北极的污染最为严重，毒性强，清理难度高，通常是由船舶故障、碰撞、搁浅和油气资源开采所致。随着通航能力提高，船舶通过数量增加，其发生故障、碰撞、搁浅等事故导致石油泄漏的可能性也相应增大；随着能源资源开发规模扩大，能源泄漏造成污染的概率也会增大。船舶航行过程中的废水、固体废弃物的排放会在一定程度上改变海水中的化学成分，对海洋环境造成污染。由于海水具有流动性，通航及开发等泄漏的石油等物质漂浮在海面上随着海水或海冰的流动扩散到其他海域乃至全球海域，造成全球海洋环境的恶化。此外，船舶航行过程中会向大气中排放氮氧化物和硫氧化物，二者在空气中与水和氧气作用，形成酸雨，对生态环境产生严重危害。

2. 北极地区生物的生存受到威胁

北极环境是北极生物赖以生存的根据地，航道通航和资源开发对北极环境造成破坏的同时，对北极生物的生存构成了极大的威胁。其中，石油污染、噪声污染、生物入侵、设施建设是威胁生物生存的重要因素。

北极生态系统自我调节能力弱，加上低温环境及海冰的存在，石油的分解和回收变得困难。石油具有毒性、漂浮性及黏附性等特点，严重危害北极生物的生存。

---

① 常晶，郭培清. 更加复杂的北极生态困境. 海洋世界，2009, 8:36–39.

②③ 郭鑫. 北极环境治理问题探析. 石家庄：河北师范大学，2014.

石油进入鱼类等海洋生物体内将会损害其神经系统、呼吸系统以及生殖系统，使其中毒甚至死亡；油类物质漂浮在水面，阻碍太阳辐射影响植物光合作用，阻碍大气与海水的气体交换，影响植物呼吸作用。此外，油污可能会黏附在鸟类羽毛或北极熊等动物皮毛上，使其丧失行动能力甚至死亡。鲸类、海象、海狮等海洋生物及众多鱼类均依靠声音进行生存和繁殖，船舶航行、油气开发及破冰均会产生噪声，这些低频声波严重干扰了海洋生物之间信息的交流和传递。

通航中压舱水排放和船舶污底携带导致的外来物种入侵也是威胁北极生物生存的重要因素，全球海上运输中每天随船舶压舱水扩散到其他海域的海洋动植物达3000多种[①②]。外来生物入侵后，可能会与当地生物竞争，破坏生物多样性；可能会与生物杂交，破坏遗传多样性；此外，外来物种在迁移过程中可能携带病原微生物引起病害的流行。对于物种单一、生态脆弱的北极来讲，一旦发生生物入侵，破坏将是毁灭性的。此外，相关航运设施的开发和建设也会在一定程度上对当地的生态环境造成破坏，进而影响生物的生存[③]。

3. 北极乃至全球的气候变化加剧

船舶通航过程中温室气体的排放将会进一步加剧全球气候变暖，影响全球碳循环，并同时引起一系列其他效应。

北极海域、亚北极海域和北极苔原冻土地带是全球重要的碳汇区，航道通航将从正反两个方面影响北极地区的碳循环：从气体排放和冻土融化的角度来看，航道通航对全球气候变化具有正反馈效应，规模性通航将直接导致北极地区的温室气体排放量的增加，而冻土融化也将释放大量的甲烷（甲烷气体与等量的二氧化碳相比，增温效果要高20倍），加剧气候变暖；从海冰融化的角度来看，海冰覆盖面积的减少可能增加海洋对碳的吸收，将碳以颗粒物的形式输送到海底，减缓碳的排

① 郝林华, 石红旗, 王能飞, 等. 外来海洋生物的入侵现状及其生态危害. 中国海洋学会海洋生物工程专业委员会2005年学术年会论文集. 中国海洋学会海洋生物工程专业委员会, 2005:6.

② 刘芳明, 缪锦来, 郑洲, 等. 中国外来海洋生物入侵的现状、危害及其防治对策. 海岸工程, 2007, 4:49−57.

③ 曹玉墀, 刘大刚, 刘军坡. 北极海运对北极生态环境的影响及对策. 世界海运, 2011, 12:1−4.

放，对全球气候变暖起到负反馈作用[①②③]。

气候变化引起一系列其他生态效应，北极冰川是地球上两个最大的固体淡水库之一，淡水资源占地球的70%以上，一旦融化将使地球淡水资源面临严峻挑战。北极生态系统的动态变化也会影响到全球其他地区的生态环境变化，北极气候变化使其他地区发生风暴潮等极端天气和自然灾害的概率增加，对人类的生产生活产生不利影响。

4. 北极地区居民生产生活受到巨大影响

人类是生态系统的一部分，在北极航道通航和北极资源开发的过程中，人类既是能动的参与者，同时也是受害者。特别是对北极地区的居民（因纽特人）来讲，他们的生产生活将因此受到巨大影响。

北极航道通航带来的大气污染和水体污染可能导致疾病的爆发，威胁人类的健康：空气中CO和NO_X等污染物增多将会大大影响人体血液的输氧功能，其中氮氧化物破坏性极强，如NO_2进入人体肺内，形成亚硝酸和硝酸，增加毛细血管的通透性，进而引起胸闷、咳嗽、气喘甚至肺气肿等症状[④]；水体污染严重影响着人们的饮水安全。北极地区原著居民传统的经济模式以狩猎、采集、驯养和动物皮毛加工等传统农牧业和渔业为主，食物来源主要是鱼类、驯鹿、鲸鱼、海豹和鸟类[⑤]，航道通航对生物生存构成威胁的同时，也间接地影响了当地居民的生产生活，生物的减少导致经济收入的减少，食物链的变化对居民的饮食和文化习惯产生一定的影响。

（三）基于系统动力学的正负效应综合分析

通过上述对北极航道通航带来的资源与环境影响分析，可以发现北极航道通航在对世界贸易和各国经济发展带来正面效应的同时，也对北极地区的生态环境产生相当程度的负面影响。为更好地分析北极航道通航与北极资源和生态环境之间的相互作用关系及可持续发展的实现，本文利用系统动力学模型进行进一步分析。

---

① 李培基. 北极海冰与全球气候变化. 冰川冻土, 1996, 1:74−82.

② 陈立奇, 高众勇, 杨绪林, 等. 北极地区碳循环研究意义和展望. 极地研究, 2004, 3:171−180.

③ 高众勇, 陈立奇. 全球变化中的北极碳汇：现状与未来. 地球科学进展, 2007, 8:857−865.

④ 毛艳丽, 任伟松, 鲁志鹏, 等. 大气中氮化物的污染现状及危害. 煤炭技术, 2007, 5:5−7.

⑤ 张敏娇. 论气候变化条件下北极治理面临的挑战及思考. 武汉：华中师范大学, 2013.

系统动力学理论是福瑞斯特（J.W.Forrester）于1956年在美国麻省理工学院（MIT）建立的，并且在一假设的基础上得到发展。系统动力学是模拟因果关系的一种方法，其中系统的结构是由因果图明确显示的，如果事件A（原因）引起事件B（结果），二者便形成因果关系，若A的变化引起B的同向变化则称二者构成正因果关系，反之为负因果关系。

在北极航道通航背景下的资源与环境可持续发展这一系统内，我们可将国际秩序安定程度、国家经济发展水平、生态环境污染及破坏程度和温室气体排放量视为模型的终端（图4），从与终端相连的路线来看，共有4条正效应路线和6条负效应路线。

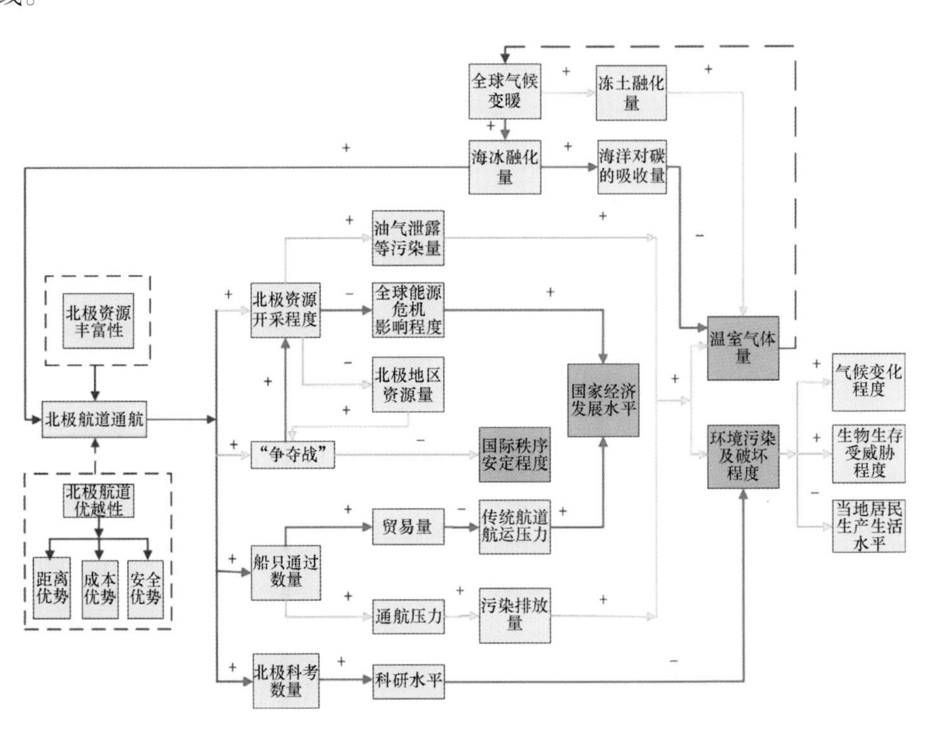

图4　北极航道通航的正负效应关系

正效应的结果一是实现了国家经济发展水平的提高，主要有两条路径：一条是航道的通航为各国开发北极资源提供了条件，进而缓解全球能源危机，促进经济社会发展；另一条是北极航道成为新的贸易通道，推动世界贸易流动，同时减轻了传统航道的通航压力，最终对国家经济发展起到积极的促进作用。结果二是通过科研能力的提升来增强环境污染的治理能力进而减轻环境污染。

负效应的结果是影响了国际秩序的安定，加大了北极地区生态环境污染和破坏的程度，主要有3条路径：一条是资源开发程度的加大引起污染排放的增加进而导致环境破坏和污染的程度加大；另一条是通航船只的增加引起污染物排放的增加，导致环境污染程度的增加，环境的污染和破坏又会进一步加剧气候变化，威胁生物生存，影响当地居民的生产生活；最后一条是世界各国对北极航道及北极资源的争夺将严重影响国际秩序的安定。

四、北极航道通航与北极资源环境的可持续发展对策

在北极航道通航的背景下，如何平衡北极资源开发与生态环境保护成为航道发展面临的重要问题。为实现北极航道及北极地区的可持续发展，提出对策建议如下。

（一）实现北极航道生态立法，构建北极航道管理机制

目前，国际上尚无针对北极生态管理的相关法律法规，现有规定大多普适于全球性生态环境问题。因此，国际社会及有关国家应推动完善北极航道生态环境立法体系建设，设立航运管理与环境保护制度，明确规定船舶污染物排放标准及噪声污染标准等指标；构建以生态系统管理为原则的北极航道管理机制，成立专门的北极航道航运管理组织，规范船舶的科学环保航行。

（二）适度开发北极资源，保护北极生态环境

积极开展北极地区能源资源与生态环境基础研究，全面掌握北极地区资源、环境与航道状况，因地制宜开发北极资源，并在特殊地区建立保护区，实施资源与生态兼顾的科学管理体制；完善环境污染监测预防机制，形成科学合理的监测预防体系，提高应急处置能力，减少和防止航道运输及资源开发对环境的影响。

（三）加大北极科研力度，提高环境保护能力

加大北极科学考察力度，先期开展北极环境调查及影响评价，为资源开发与环境保护提供方向指引；加大石油等能源开发设备研发力度，降低开发活动对环境的影响及干扰程度，加强船舶制造技术创新力度，降低废物排放及噪声污染，为北极环境保护提供科技支撑；加强生物处理等溢油应急技术的研发，提高溢油应

急处置能力，为未来北极海域污染处理做好相关的技术储备。

（四）加强国际合作，实现可持续发展

在北极航道通航趋势下，保护北极地区生态环境，实现可持续发展需要世界各国的共同合作。加强相关国家间的技术合作，包括北极航行航运基础设施建设、船舶制造及能源开发技术等；世界各国与国际组织之间加强合作，推动北极航道航行管理及北极生态环境保护国际标准的制定；加强北极国家与非北极国家之间的沟通合作，共同促进北极地区的和平、稳定和可持续发展。

北极海岸警卫论坛机制及冰上丝绸之路安全合作

刘芳明　刘大海　连晨超

摘　要：海洋安全是北极治理的重要议题。随着北极海冰融化，商业航线日渐成熟，地区资源开采的步伐加快，频繁的商船、油轮和人员进入北极将给当地带来航行事故、溢油、生态环境破坏、跨国有组织犯罪等安全问题，北极海岸警卫论坛是北极八国为了应对上述安全挑战而建立的一种新的合作机制。本文介绍了海岸警卫论坛的成立背景、运行机制和实践成果，对其成立意义进行了分析，研究提出北极海岸警卫论坛未来将面临的三大困难和挑战：北极地区安全基础设施薄弱；政治分歧和机制差异导致的合作障碍；对北极恶劣环境的认知和感知不足。针对北极海岸警卫论坛将面临的三项挑战，并基于冰上丝绸之路建设的内在需求和中国参与北极治理的基本理念，本文建议中国有针对性地加强与北极国家海岸警卫队之间的合作，并给出了相应的政策建议。

关键词：北极海岸警卫论坛；海洋安全；冰上丝绸之路；安全合作

一、引言

气候变化导致北极地区冰盖融化，区域经济和社会活动日益频繁，给北极带来新的安全问题。北极八国意识到必须加强北冰洋水域的航行安全和海上管理[①]。然

① Braynard Katie. Establishment of the Arctic Coast Guard Forum. [EB/OL]. (2015−10−30)[2017−09−30]. http://coastguard.dodlive.mil/2015/10/establishment-of-the-arctic-coast-guard-forum/.

而，由于北冰洋海域辽阔和极端气候条件，依靠单一国家无法完成北极安全管理，八国需携手应对北极地区各种紧急情况和联合行动。为了应对越来越多的挑战，北极地区已建立北极理事会、国际北极科学委员会、北极圈论坛等合作机制，在北极环境保护、科学考察和研究领域发挥着重要作用。北极海岸警卫论坛是2015年成立的区域合作平台，与之前的合作机制不同，北极海岸警卫尤其关注海洋安全领域，致力于整合现有各国海岸警卫队资源，在海上搜救、溢油等污染预警和应急、信息共享等方面发挥协调作用。该论坛的成立标志着北极八国的合作由民事领域逐渐向军民融合领域深入，具有深远的现实意义。

二、北极海岸警卫论坛背景和机制

2011年，美国战略与国际研究中心建议成立一个主要关注北极的海岸警卫论坛[①]，经过多方努力，2015年10月30日，代表北极国家八个海岸警卫队机构的领导人在美国海岸警卫队学院签署了联合声明，北极海岸警卫论坛（Arctic Coast Guard Forum，以下简称ACGF）正式成立。该论坛遵循北极理事会2011年《北极海空搜索协定》[②]和2013年《北极海上油污预防与应对合作协定》[③]两个具有法律约束力的文件，是落实两项协议的具体举措，旨在“关注操作层面、基于共识基础”，致力于在北极开展安全、可靠、环境友好且负责任的海上活动[④]，促成北极地区国家共同应对与其相关的挑战。

① A New Security Architecture for the Arctic: An American Perspective [R/OL].(2012−01)[2017−09−30]. https://csis-prod.s3.amazonaws.com/s3fs-public/legacy_files/files/publication/120117_Conley_ArcticSecurity_Web.pdf.

② Arctic Council.Agreement On Cooperation On Aeronautical And Maritime Search And Rescue In The Arctic, 2011. [EB/OL]. (2011)[2017−09−30]. http://library.arcticportal.org/1874/1/Arctic_SAR_Agreement_EN_FINAL_for_signature_21-Apr-2011%20(1).pdf.

③ Arctic Council. Agreement on Cooperation on Marine Oil Pollution, Preparedness and Response in the Arctic [EB/OL].(2015)[2017−09−30].

④ Rebecca Pincus. The Arctic Coast Guard Forum: A Welcome and Important Step. [EB/OL]. [2017−09−30].https://www.arcticyearbook.com/commentaries2015/169-the-arctic-coast-guard-forum-a-welcome-and-important-step.

（一）ACGF 成立的背景

海上活动的增加和环境的快速变化对北极海运和沿海社区构成了重大危害，主要有：①技术危害（由自然灾害和具有挑战性的环境条件扩大造成），包括对生命、船舶和基础设施的威胁；②对海事活动造成直接威胁的自然灾害，包括海冰、结冰条件、极端天气和海洋状况；③对沿海社区和基础设施以及人类活动造成直接威胁的自然灾害，包括沿海风暴、危险的岸边和漂流冰条件、沿海洪水和极端天气事件①。气候变暖导致北极地区冰盖融化，加剧了大西洋和太平洋到北美北部海洋区间的航行通道和潜在资源的竞争，商船和油轮航行、海洋油气和矿产等资源的开采将给北极生态环境带来潜在的危险。面对上述风险，北极国家的海岸警卫队必须增强海上搜索和救援能力、环境保护能力（包括溢油应急能力）、为实施救援开展领航活动、边防、渔检、警务服务能力等②。然而，北极海运区，尤其是北美洲和俄罗斯沿岸地区的极端气候条件和广阔面积，给海岸警卫队高效执行任务带来了严重挑战③。加强国际合作将更有力和高效地满足海岸警卫队提高能力的要求④。

北极国家海岸警卫队间开展国际合作是应对新海上安全形势的客观需求，同时也符合各方实际利益。2015年10月北极海岸警卫论坛成立之前，各国海岸警卫队之间不乏紧密而有效的务实合作。加拿大海岸警卫队与美国海岸警卫队共同制定的联合海上应急计划在2013年进行了一次重大更新，包括建立一个联合的海上应急计划委员会

① Eicken H, Mahoney A, Jones J, et al. The Potential Contribution of Sustained, Integrated Observations to Arctic Maritime Domain Awareness and Common Operational Picture Development in a Hybrid Research-Operational Setting[C] Arctic Observing Summit. 2016:1−16.

② Ernie Regehr . The Arctic Coast Guard Forum: advancing governance and cooperation in the Arctic. [R/OL].(2015−11−12)[2017−09−30]. http://www.thesimonsfoundation.ca/sites/default/files/The%20Arctic%20Coast%20Guard%20Forum-advancing%20governance%20and%20cooperation%20in%20the%20Arctic%20-%20DAS%2C%20November%2012%202015_4.pdf.

③ Rebecca Pincus. The Arctic Coast Guard Forum: A Welcome and Important Step. [EB/OL]. [2017−09−30].https://www.arcticyearbook.com/commentaries2015/169-the-arctic-coast-guard-forum-a-welcome-and-important-step.

④ Ernie Regehr . The Arctic Coast Guard Forum: advancing governance and cooperation in the Arctic. [R/OL].(2015−11−12)[2017−09−30]. http://www.thesimonsfoundation.ca/sites/default/files/The%20Arctic%20Coast%20Guard%20Forum-advancing%20governance%20and%20cooperation%20in%20the%20Arctic%20-%20DAS%2C%20November%2012%202015_4.pdf.

和演习计划，设置国际协调官等[①]。挪威海岸管理局和美国海岸警卫队于2014年签署了一份预防石油泄漏和响应主题的合作意向书，合作包括分享在联合研讨会、培训机会和反应设备测试中学习到的实践经验等[②]。2015年6月，俄罗斯和挪威两国开展一项包括海岸警卫队船只和直升机、训练营救行动和海洋石油污染联合演习[③]。2015年8月，挪威海岸警卫队船只第一次在双边合作框架内访问阿尔汉格尔斯克（Arkhangelsk）[④]。这些合作说明，北极地区的安全事务具有国际性，依靠单一国家无法或者很难解决。

随着海上交通日益频繁、气候持续不稳定导致的天气状况多变，北极地区发生重大事故的频率很可能进一步加大。海岸警卫队必须为船舶漏油或钻井作业出错等危急情形做好预备[⑤]。最近发生的一些事故表明，北极各国海岸警卫队需要加强协调和合作。例如2014年12月，韩国的“Oryong-501”号渔船沉没，引发了除韩国之外美国和俄罗斯的响应。尽管渔船是在俄罗斯海域沉没，但是美国海岸警卫队凭借近距离优势和强大实力，主导了与俄罗斯和韩国合作进行的救援行动[⑥]。2015年，加拿大的一艘装载约3500升轻型柴油的驳船，从加拿大海域漂流了130多英里，途径美国海域，最后一直漂到俄罗斯海域才被找回[⑦]。该事故不

---

① Larry Trigatti, Tanya Tamilio, Tim Gunter, et al. Positive impacts of the 2013 update to the Canadian Coast Guard and United States Coast Guard Joint Marine Pollution Contingency Plan, from a National and Regional Perspective. [EB/OL].(2017−05)[2017−09−30]. http://ioscproceedings.org/doi/abs/10.7901/2169-3358-2017.1.000041?code=ampi-site.

② Helge Munkås Andersen , Tim Gunter. Benefits of Arctic Planning and Response International Coordination. [EB/OL].(2017−05)[2017−09−30]. http://ioscproceedings.org/doi/abs/10.7901/2169-3358-2017.1.1471?code=ampi-site&journalCode=iosc.

③ Jonas Karlshakk. Joining efforts for search and rescue. [EB/OL]. (2015−06−08) [2017−09−30]. http://barentsobserver.com/en/borders/2015/06/joining-efforts-search-and-rescue-08-06.

④ Trude Pettersen. Norway, Russia continue Coast Guard coopera tion.[EB/OL].(2015−08−31) [2017−09−30].http://barentsobserver.com/en/security/2015/08/norway-russia-continue-coast-guard-cooperation-31-08.

⑤ Ernie Regehr . The Arctic Coast Guard Forum: advancing governance and cooperation in the Arctic. [R/OL].(2015−11−12)[2017−09−30]. http://www.thesimonsfoundation.ca/sites/default/files/The%20Arctic%20Coast%20Guard%20Forum-advancing%20governance%20and%20cooperation%20in%20the%20Arctic%20-%20DAS%2C%20November%2012%202015_4.pdf.

⑥ Rebecca Pincus. The Arctic Coast Guard Forum: A Welcome and Important Step. [EB/OL]. [2017-09-30].https://www.arcticyearbook.com/commentaries2015/169-the-arctic-coast-guard-forum-a-welcome-and-important-step.

⑦ Canadian Coast Guard .NTCL barge that drifted to Russia is on its way home.[EB/OL]. (2015−08−28) [2017−09−30].https://ca.news.yahoo.com/ntcl-barge-drifted-russia-way-131631741.html.

仅说明北极地区存在安全挑战，也说明了北极各国海岸警卫队有必要在执行层面上建立紧密的合作关系[①]。

（二）ACGF组织架构和运行机制

ACGF包括加拿大、丹麦、芬兰、冰岛、瑞典、挪威、俄罗斯以及美国等成员国。其他国家要成为观察员国或活动参与国，需要向ACGF成员国提出请求，由后者研究决定。为了推进会议议题，各国代表团应由讨论会议议题的相关代表组成，也可以包括其他部门、机构或代表（例如当地民众），以便开展讨论活动。论坛每半年举办一次，其中一个分场次为专家会议，另一个分场次为领导人会议。北极海岸警卫论坛组织架构见图1，论坛将遵循任期两年的轮值主席制度，轮值主席与北极理事会领导层保持协作。论坛刚成立时轮值主席国是美国（2015—2017年），目前轮值主席为是芬兰（2017—2019年）。ACGF应尊重各国法律、国际法规以及其他组织（例如国际海事组织IMO、国际航标协会IALA）公约，围绕海岸警卫队的职能开展相关活动。ACGF战略目标是，ACGF成员支持建立这一独立的海上服务机构，通过信息共享、建立共同行动计划等，实现各成员国在海上安全、海洋环境保护、应急事件处理、原住民生活条件改善等方面的多边合作协调[②]。

北极海岸警卫论坛合作机制是在北极理事会促成下建立的，从ACGF原则看，该平台独立运行，但又与北极理事会联系紧密，通过信息共享的方式与北极理事会突发事件预防准备和响应工作组（EPPR）协同工作。同时，ACGF呈开放性，域外国家申请后经研究可加入。从其战略目标看，ACGF除了落实履行北极理事会制定的两份具有法律约束力的国际条约中的内容[③④]，日后，论坛各方希望能在达成新的协议方面有所作为。

① Rebecca Pincus. The Arctic Coast Guard Forum: A Welcome and Important Step. [EB/OL]. [2017-09-30].https://www.arcticyearbook.com/commentaries2015/169-the-arctic-coast-guard-forum-a-welcome-and-important-step.

② The arctic coast guard. Strategic Goals of the Forum. [EB/OL]. (2016-06-11) [2017−09−30].https://www.arcticcoastguardforum.com/about-acgf.

③ Arctic Council.Agreement On Cooperation On Aeronautical And Maritime Search And Rescue In The Arctic, 2011. [EB/OL]. (2011)[2017−09−30]. http://library.arcticportal.org/1874/1/Arctic_SAR_Agreement_EN_FINAL_for_signature_21-Apr-2011%20(1).pdf.

④ Arctic Council. Agreement on Cooperation on Marine Oil Pollution, Preparedness and Response in the Arctic [EB/OL].(2015)[2017−09−30].

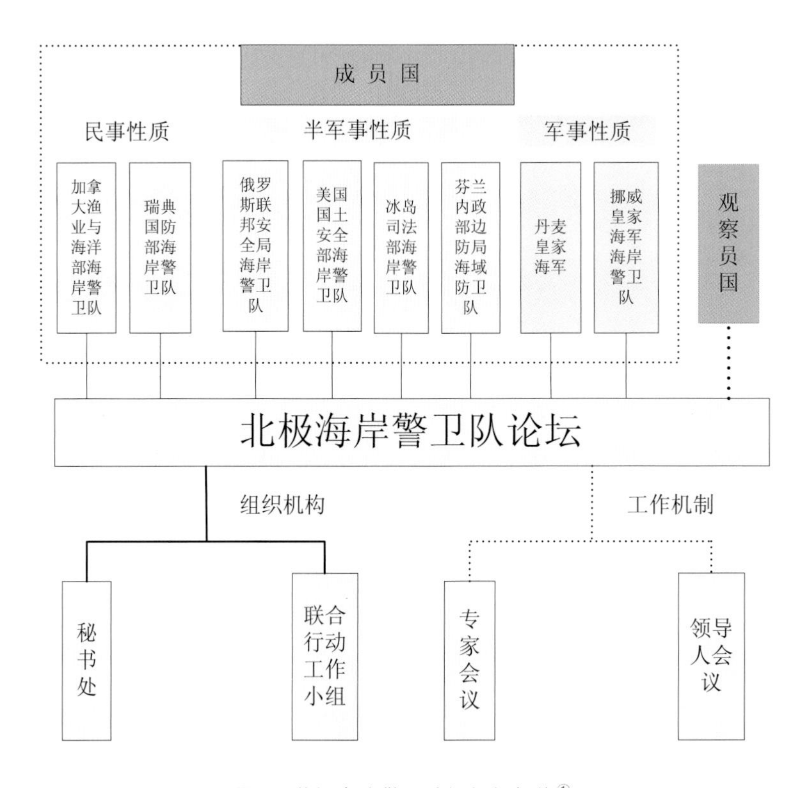

图1　北极海岸警卫论坛组织架构[①]

（三）ACGF 运行实践和成果

ACGF成立以来，各国海岸警卫队之间签订了多个联合声明，共同开展了一次综合性联合演习，海岸警卫队跨国合作已取得初步效果。

2016年10月，在美国波士顿召开了北极海岸警卫论坛首长级会议，北极八国海岸警卫队共同签署了一份新的联合声明，与会各方一致同意继续研究制定联合行动框架，该联合声明还建立了多年战略计划的发展框架以及信息共享的途径，突出了最佳实践，确定了训练的内容，并制定了在北极地区的联合行动内容[②]。2017年3月的美国波士顿会议上，8个北极国家海岸警卫队的负责人“为通过在北极地区

① 参照The Arctic coast guard forum: big tasks, small solutions一文，将各国海岸警卫队依据性质划分为军事、半军事和民事三种，其中半军事性质是指该国海岸警卫队具有军事属性，但运行方式与和平时期的军事部队不同。

② Sevunts Levon. Arctic nations deepen coast guard cooperation. [EB/OL]. (2016-06-11) [2017-09-30]. http://www.rcinet.ca/en/2016/06/10/arctic-coast-guar-forum-nations-deepen-cooperation/.

实施海上救援行动和共同行动的原则、策略、程序和信息共享协议而签署共同声明”[①]。会议总结了北极海岸警卫论坛长达两年的合作，“自论坛成立以来，工作组已经制定了战略、目标和战术，旨在实现该地区的共同目标”[②]。8个国家同意在实际中测试应急响应。

2016年6月，加拿大和丹麦海岸警卫队的成员在戴维斯海峡一起合作，联合展开了一次搜救行动，通过北极海岸警卫论坛建立的良好关系被认为是促成合作的重要原因[③]。2016年8月，“水晶宁静”号邮轮通过西北航道的航行也是一个北极国家合作的典型案例，各国海岸警卫队队员一起合作，分析邮轮可能发生的风险并积极准备应对方案[④]。2017年9月，北极海岸警卫论坛成员国在丹麦海峡开展了名为“北极守护者2017”的综合性搜寻和营救演习，目的是测试搜救单位之间的合作[⑤]。此外，海上救援协调中心之间也进行了交流演习[⑥]，演习提高了各国海岸警卫队之间的协调能力，并巩固相互间的合作关系。上述联合文件的签署和共同行动的开展，为下一步的深入合作打下了良好基础。

三、北极海岸警卫论坛的意义和挑战

（一）北极海岸警卫论坛成立的意义

北极海岸警卫论坛是北极地区重要的多边安全合作机制，对于地区的稳定和可持续发展具有重要意义。

---

① The arctic. Arctic coast guard services coordinate procedures for cooperative maritime activity . [EB/OL]. (2017-03-23)[2017-10-01].http://arctic.ru/international/20170323/576961.html.

② Thomas Nilsen. Arctic coast guard forces team up for shipping emergencies. [EB/OL]. (2017-03-28) [2017-09-01].https://thebarentsobserver.com/en/security/2017/03/arctic-coast-guard-forces-team-shipping-emergencies.

③④ Levon Sevunts. Arctic nations deepen coast guard cooperation. [EB/OL]. (2016-06-11) [2017-09-30]. https://thebarentsobserver.com/en/security/2016/06/arctic-nations-deepen-coast-guard-cooperation.

⑤ The arctic.Arctic Coast Guard Forum member countries to hold drills in the Denmark Strait. [EB/OL]. (2017-08-23)[2017-10-01].http://arctic.ru/international/20170823/660907.html.

⑥ Finnish Border Guard .The First Operational Exercise, Arctic Guardian, of the Arctic Coast Guard Forum (ACGF) held in Iceland. [EB/OL].(2016-06-16) [2017-09-11]. http://www.raja.fi/facts/news_from_the_border_guard/1/0/the_first_operational_exercise_arctic_guardian_of_the_arctic_coast_guard_forum_acgf_held_in_iceland_74229.

第一，有利于增强北极国家的互信。罗伯特·基欧汉在其《霸权之后》一书中，将经济学家科斯的交易成本的概念引入了对国际合作的研究，专门对国际机制的作用进行了分析。他的研究表明，国际机制能够减少国家间的信息不对称、道德风险、不负责任行为[①]。北极海岸警卫论坛为北极国家提供了一个高层军官互相交流的渠道，有助于各国安全机构了解彼此在北极的安全行动计划。同时，ACGF以海上救助、环境保护等民事合作为切入点，有助于深入推进各国合作，降低彼此在安全、资源开发等问题上的敏感反应。俄罗斯海军上将Yuri Alekseyev指出，ACGF给各国提供了共同制定北极战略框架的机会，并且实现了各国在人道主义关怀、环境保护等方面的合作[②]。戈登基金研讨会也认为，北极海岸警卫论坛将有利于通过"弥合民事和军事论坛之间的鸿沟"[③]。

第二，有利于促进北极地区的海上安全和稳定。在北极地区存在领土争端、局部呈现军事化态势的情况下，各国间的合作（尤其是涉及安全领域的合作）更显得弥足珍贵。北极海岸警卫论坛的成立，有利于降低北极问题的热度，促使各方务实地处理问题。论坛通过建立操作层面上的合作关系，以及共享最佳实践和经验教训，可以提高各国海警完成任务的能力，并完善应对紧急事件的国际合作渠道。论坛给各成员国带来了实际的利益[④]。美国海岸警卫队司令保罗·楚孔夫特称，北极海岸警卫论坛的建立"是我们集体努力促进地区安全的关键一步，这也是维护北极环境安全，负责任地开展海上活动的关键一步"[⑤]。

第三，有利于提高北极安全治理效率。海洋安全是北极治理的重要议题，需要北极各国协同应对。各国海岸警卫队的职能，除了搜救和环保，还有保卫港口安全和边界安全、打击海上恐怖主义、海上走私和跨国有组织犯罪等职能。实现北极

① 基欧汉. 霸权之后[M]. 苏长和, 信强, 何曜, 译. 上海：上海世纪出版集团, 2012.

② Michael Melia. Arctic coast guards pledge co-operation at US meeting. [EB/OL].(2016–06–16) [2017–10–01]. http://www.cbc.ca/news/canada/north/arctic-coast-guards-pledge-co-operation-at-u-s-meeting-1.3296921.

③ Andreas Østhagen, Vanessa Gastaldo .Coast Guard Cooperation in a Changing Arctic. [R/OL].(2015–04) [2017–10–01]. http://gordonfoundation.ca/app/uploads/2017/03/2015_ArcticCoastForum_WEB.pdf.

④ Rebecca Pincus. The Arctic Coast Guard Forum: A Welcome and Important Step. [EB/OL]. [2017-09-30].https://www.arcticyearbook.com/commentaries2015/169-the-arctic-coast-guard-forum-a-welcome-and-important-step.

⑤ Environment News Service .Eight Arctic Nations Join Forces for Coastal Security. [EB/OL].(2015–10–31) [2017–10–01]. http://ens-newswire.com/2015/10/31/eight-arctic-nations-join-forces-for-coastal-security/.

治理的关键在于地区国际机制的建设与完善，未来可以期待，各国将在ACGF框架下，在多个领域开展深入合作。“北极区域辽阔，各国可利用的资源非常有限，因此通过8个北极国家聚在一起分享他们掌握的知识、最佳的实践活动以及开发的专业技术”，将会有助于避免昂贵的资源重复[①]，提高北极协同治理效率。

（二）海岸警卫队论坛面临的挑战

尽管成立一个北极海岸警卫论坛对于各国有巨大的利益，但是仍有很多挑战限制了论坛发展。海岸警卫队的综合知识和硬件设施是实现维护海上安全的重要基础，但北极区域地理距离、气候条件、基础设施和通信设备等条件比地球上其他大部分地区都薄弱[②]。ACGF要达成其战略目标，需要面对诸多困难与挑战。

1. 北极地区基础设施和海上资产薄弱是限制ACGF发展的重要因素

一方面，北极地区海岸警卫队基础设施不足，保障能力无法满足需求。以美国为例，其在北极圈内没有深水港，最近的深水港是阿拉斯加西部的荷兰港[③]。该港位于白令海峡以南800英里处，仅能够容纳1艘海岸警卫队巡逻舰，而距离北极圈最近的海岸警卫队航空站位于科迪阿克岛，与白令海峡飞行距离在700英里以上。基础设施的缺乏，制约了海岸警卫队的活动范围和后勤补给，一旦紧急情况或灾难发生时（例如管道或船只的石油泄漏，撤离和救援撞船船只，冰裂导致人员和基础设施处于危险状态，或者遭受沿海风暴造成的洪水，大风等）[④]，海岸警卫队难以在短时间内进行支援和补给。此外，通信设施的缺乏、综合监测网络的缺位也加剧了救援的困难。

另一方面，各国海岸警卫队装备和能力不一而足，难以形成协同高效的海岸警

---

① Levon Sevunts. Arctic nations deepen coast guard cooperation. [EB/OL]. (2016—06—11) [2017—09—30]. https://thebarentsobserver.com/en/security/2016/06/arctic-nations-deepen-coast-guard-cooperation.

② Thomas Nilsen. Arctic coast guard forces team up for shipping emergencies. [EB/OL]. (2017—03—28) [2017—09—01].https://thebarentsobserver.com/en/security/2017/03/arctic-coast-guard-forces-team-shipping-emergencies.

③ Dennis Bryant. Arctic Coast Guard Forum: Eyes and Ears Up North. [EB/OL]. (2015—12—23) [2017—10—01]. https://www.marinelink.com/news/arctic-coast-guard402652.

④ Eicken H, Mahoney A, Jones J, et al. The Potential Contribution of Sustained, Integrated Observations to Arctic Maritime Domain Awareness and Common Operational Picture Development in a Hybrid Research-Operational Setting[C] Arctic Observing Summit. 2016:1—16.

卫队网络。8国中，俄罗斯拥有全球规模最大的破冰船舰队，共41 艘破冰船[①]，并在2016年下水一条世界最大型破冰船[②]。加拿大拥有13艘破冰船[③]，芬兰7艘、瑞典6艘，丹麦3艘，挪威1艘。与海洋强国地位和海岸警卫队承担职能不相对称的是，美国破冰船的数量和破冰能力极其薄弱，2010年《美国海岸警卫队高纬地区任务分析总结》报告认为，在北极高纬度地区，海岸警卫队需要3艘重型和3艘中型破冰船来完成其法定任务[④]。然而，美国仅有3艘破冰船且不能同时服役[⑤]，破冰船的现状严重制约了美国海岸警卫队的行动能力。北极水域发生的小规模海上紧急事件的数量增加，客观上要求各国政府投资并保持北极地区活动能力，如配备海岸警卫队船只、远程直升机等[⑥]。由于基础设施和装备不足，各国的主要精力仍然放在本国关注的区域，跨境援助困难。ACGF要想发挥高效的协作效力，必须促使各国提升装备水平和行动能力，形成区域行动网络。

2. 地区政治分歧和机制差异是阻碍ACGF深层次合作的绊脚石

首先，北极地区存在历史性问题尚待解决。总体看，北极地区存在领土主权、海上划界和航道管辖等纷争。目前，加拿大和丹麦关于汉斯岛的领土争端还没有解决，其他各国领土主权多已通过条约的方式确定。争议主要集中在各国领海、专属经济区和大陆架划界中，尤其是外大陆架划界纠纷。国际社会对俄罗斯和加拿大单方面控制航道提出异议，也为日后海岸警卫队的深入合作留下了隐患。

其次，北极八国间缺乏政治互信。近年来，北极地区局部呈现军事化态势，主要大国或单独或联合举行军事演习，加剧了北约成员国（加拿大、丹麦、挪威和美

---

① 史富华. 40年未建新破冰船，美被批"短视而不明智"[N]. 中国海洋报，2016−01−13 (4).

② Emily Russell. Russia Launches World's Largest Icebreaker, Arctic Coast Guards Work to Keep the Peace. [EB/OL]. (2016−06−20)[2017−10−01]. http://www.knom.org/wp/blog/2016/06/20/russia-launches-worlds-largest-icebreaker-arctic-coast-guards-keep-the-peace/.

③ Canadian Coast Guard.Icebreaking operations services. [EB/OL]. (2017−03−03) [2017−10−01].http://www.ccg-gcc.gc.ca/Icebreaking/home.

④ ABS Consulting, PotomacWave Consulting, Systems Planning and Analysis Inc. United States Coast Guard High Latitude Region Mission Analysis Capstone Summary. [R/OL]. (2010−09)[2017−09−30]. http://assets.fiercemarkets.net/public/sites/govit/hlssummarycapstone.pdf.

⑤ "极地星"号处于检修状态，"极地海"号面临退役，"希利"号是一艘中型破冰船，主要用来执行科学考察任务。

⑥ Andreas Østhagen. Utilizing Local Capacities in the Arctic. [EB/OL]. (2017−03−03) [2017−10−01] http://www.highnorthnews.com/op-ed-utilising-local-capacities-in-the-arctic/.

国）和俄罗斯的对抗。由军事问题导致的政治问题凸显，尤其是克里米亚事件后，俄罗斯和西方许多合作终止[①]。ACGF原定于2014年成立，在签署海岸警卫队协议时，因加拿大哈珀政府拒绝让俄罗斯官员参加[②]，导致ACGF延迟成立，这表明，政治事件会激发北极八国内部潜在的不信任因素，进一步导致了整体合作停滞不前或延期开展。

最后，北极八国海岸警卫队自身属性不一致和机制差异，可能造成合作难以深入。从北极海岸警卫论坛组织架构图（见图1）中可以看出，ACGF成员国的海岸警卫队有三种属性：民事、军事和半军事。不同属性的海岸警卫队涉及的国家安全层次不同，承担的本国职能和任务也不尽相同，ACGF未来合作可能仅仅局限在低敏感度的安全问题。英国智库国际战略研究所（IISS）认为，鉴于国防问题的敏感性以及北极一些国家的军事和警察角色之间的重叠，一个将安全决策者与更广泛的专家、商业和政治领导人和其他利益攸关方汇集在一起，普通的、非政治性和非政府组织驱动的论坛，可能会促成安全合作[③]。八国海岸警卫队自身属性的复杂性将提高组织沟通成本和降低合作的协调顺畅性。

3. 对北极恶劣环境认知和感知不足是ACGF面临的一个巨大的挑战

北极地理范围的广阔对于有效的合作是一大难题[④]。对北冰洋海域的认知不足加剧了合作难度。环北极国家有关国际组织、科学研究机构对北极地区开展的一些专项或综合性的监测和观测研究，让人们初步了解了北极海域。例如，北极地区海洋观测系统重点在促进、发展和维护海洋环流、水质、海表条件、海冰和生物/化学组成的监测和预报；北冰洋观测系统主要关注北极的变化，重点在北冰洋海冰状况与未来趋势预测。但这些计划仅仅覆盖北冰洋一小部分区域，没有形成系统的网络和多样化的产品，不足以为北极海岸警卫论坛应对挑战提供安

---

① Kristian Søby Kristensen, Casper Sakstrup.Russian Policy in the Arctic after the Ukraine Crisis. [R/OL]. (2016−09)[2017−09−30]. http://cms.polsci.ku.dk/english/publications/russian-policy-in-the-arctic/Russian_Policy_in_the_Arctic_after_the_Ukraine_Crisis.pdf.

② Bob Weber.8 Arctic countries sign historic coast guard deal. [EB/OL]. (2015−10−22)[2017−09−30]. http://www.cbc.ca/news.

③ Christian LeMiere, Jeffrey Mazo . Arctic Opening: Insecurity and Opportunity. [M]. Chapter Six: The future of Arctic governance. Routledge, 2014:155−156.

④ Andreas Østhagen. The Arctic coast guard forum: big tasks, small solutions. [EB/OL]. (2015−11−02)[2017−09−30].

全保障，并且对即将开通的北极商业航线及一些重点区域的专项监测和观测不够，对大气、海水、海冰、海底等环境认知和对区域目标物和紧急情况的感知不足，这些将限制海岸警卫队职能的发挥，是北极海岸警卫论坛各成员需要共同面对和优先解决的合作挑战。

四、冰上丝绸之路建设的安全合作

（一）合作的内在动力

2017年5月26日，中国外交部长王毅表示欢迎和支持俄罗斯提出的“共同开发北极航线，建设一条冰上丝绸之路”[①]。2017年6月20日，国家发改委和国家海洋局共同发布的《“一带一路”建设海上合作设想》提出，积极参与北极开发利用；积极推动共建经北冰洋连接欧洲的蓝色经济通道[②]。2017年7月3日，国家主席习近平表示欢迎并愿积极参与俄方提出的共同开发建设滨海国际运输走廊的建议，希望双方共同开发和利用海上通道特别是北极航道，打造“冰上丝绸之路”[③]。2017年11月2日，习近平再次指出，共同开展北极航道开发和利用合作，打造“冰上丝绸之路”，经此过程，冰上丝绸之路成为中国21世纪海上丝绸之路倡议的重要组成部分。

“冰上丝绸之路”建设不仅有助于北极地区经济社会的发展，还有助于缓解全球资源需求与供给的矛盾，同时可以扩大和深化中国对外发展合作，塑造有利的发展环境[④]。2017年3月29日，国务院副总理汪洋在第四届“北极—对话区域”国际北极论坛上表示，中国秉承尊重、合作、可持续三大政策理念参与北极事务，愿与北极域内、域外国家建立健全工作机制，加强政策对话，为开展各领域交流合作提供保障[⑤]。因此，合作既是冰上丝绸之路建设的内在需求，又是中国参与北极治理

① 观察者网.王毅：中俄有意开发北极航线，建设冰上丝绸之路. [EB/OL]. (2017-06-20) [2017-09-30]. http://www.guancha.cn/Neighbors/2017_05_27_410454.shtml.

② 新华社.“一带一路”建设海上合作设想. [EB/OL].(2017-06-20) [2017-09-30].http://news.xinhuanet.com/politics/2017-06/20/c_1121176798.htm.

③ 人民网.习近平接受俄罗斯媒体采访.[EB/OL].(2017-07-05) [2017-09-10]. http://politics.people.com.cn/n1/2017/0705/c1001-29384430.html?form=rect.

④ 阮建平.国际政治经济学视角下的“冰上丝绸之路”倡议[J].海洋开发与管理, 2017, 34(11): 3-9.

⑤ 外交部.汪洋出席第四届国际北极论坛. [EB/OL] (2017-03-30) [2017-09-10]. http://www.fmprc.gov.cn/web/zyxw/t1450248.shtml.

的基本理念和重要途径。

中国在北极地区存在着航道安全、基础设施和资产人员安全、环境安全和资源安全等安全利益[①]，伴随冰上丝绸之路的建设，中国需要维护这些安全利益，《“一带一路”建设海上合作设想》提出要推动海上执法合作，加强与沿线国海上执法部门的交流合作，因此，中国应充分重视与北极八国的安全领域合作，保持北极地区的安全和稳定。

（二）合作的政策建议

北极理事会是北极国家与北极地区居民针对北极事物进行合作、协调和交流的主要平台，是公认的最重要的北极区域合作组织。但北极理事会机制中少有安全领域方面的合作，其他北极治理机制中也鲜有安全议题。2017年生效的《极地水域船舶航行国际准则》对船员安全、船舶安全和环境安全提出了新的强制性标准，与《北极海空搜索协定》和《北极海上油污预防与应对合作协定》共同形成了北极安全治理的规范体系，这些标准和协议将成为北极海岸警卫论坛合作的基础文件。中国可根据既有的国际法安排，加强同北极理事会以外的北极相关合作机制的合作[②]。2011年的《北极海空搜救合作协议》提到了将非北极国家间搜救合作规范纳入协议的可能，为非北极国家参与北冰洋海上搜救合作打开了大门[③]。北极海岸警卫论坛的开放平台属性，促使对北极关切的国家和区域组织积极加入并发挥必要的作用。此前，欧盟委员会和高级代表提议欧洲海岸警卫队与北极海岸警卫论坛（ACGF）之间开展合作[④]。中国可在积极关注北极海岸警卫论坛行动的同时，先期开展与北极各国国家海岸警卫队的双边合作。

中国与俄罗斯、芬兰、加拿大、冰岛、瑞典、丹麦（格陵兰）等北极国家在科学研究与考察、环境保护等领域已开展了广泛的合作，中国海警也加入北太平洋地

① 刘芳明，刘大海. 新《国家安全法》视角下中国北极安全利益维护战略构想. //第十四届军事海洋战略与发展论坛论文集.北京：海洋出版社，2017:75−79.

② 刘惠荣，胡小明. 中国北极事务参与方式研究. [J] //刘惠荣. 北极地区发展报告. 北京：社会科学文献出版社，2015:200−215.

③ 肖洋. 北极海空搜救合作：成就、问题与前景[J]. 中国海洋大学学报(社会科学版)，2014(3): 8−13.

④ Adam Stępień, Timo Koivurova. Briefing: the new EU Communication on the Integrated EU Policy for the Arctic. [EB/OL]. (2016−06−06) [2017−09−30]. https://www.eduskunta.fi/FI/vaski/JulkaisuMetatieto/Documents/EDK-2016-AK-64227.pdf.

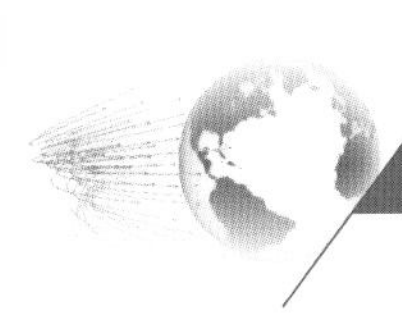

区海岸警备执法机构论坛，与俄罗斯、美国和加拿大3个北极大国已开展了定期的交流，具有良好的合作实践基础。未来，中国应深化与北极国家的海洋安全合作，深度参与北极治理，为区域安全和稳定贡献大国力量。针对北极海岸警卫论坛将面临的挑战，并基于冰上丝绸之路建设的内在需求和中国参与北极治理的理念，建议中国有针对性地加强与北极国家海岸警卫队之间的合作：第一，中国要积极与北极八国构建更加紧密的双边或多边合作关系，增强互信，更广泛地参与不同领域和不同层次的北极治理机制。适时申请北极海岸警卫论坛组织观察员国身份，拓宽中国参与北极治理的路径。第二，加强投资北极基础设施。确定安全合作优先领域，如关系到北极地区海洋安全保障和当地社区可持续发展的基础设施和航行安全资产等，改善当地的生产和生活条件。第三，中国要进一步统筹北极地区的科学考察布局，增加对北极的科学观测和考察投入，提升北极海域的认知和感知能力，为北极地区提供更多的海洋观测、海洋预报、灾害预警、航行和搜救保障等方面的公共服务产品。

五、结语

北极海岸警卫论坛成立两年来，在运行机制、合作协议、演习协作和信息共享方面取得初步成效，合作内容从气候变化、环境保护等低敏感领域拓宽至海上救援和应急反应等涉及安全的领域，反映各国为了共同目标，不断深入合作的理性状态，为北极治理提供了一条新的路径。随着冰上丝绸之路的建设，中国将日益深化与北极国家的合作领域，未来，中国应积极关注该论坛的发展动态，加强与各国海警的交流，从低敏感安全领域入手，寻求认同和共识，在北极海岸警卫论坛的框架下，与地区内外国家共同维护北极地区安全和稳定，不断提升中国在北极治理中的话语权。

国际海底区域的全球治理及中国参与策略

刘芳明　刘大海

摘　要：国际海底区域作为特殊的海洋地理空间具有典型的公共属性，一方面，其独特的海底环境和生态系统具有不可替代的科考价值和环境保护价值；另一方面，国际海底区域蕴藏着丰富的矿产和油气资源，它们的产权归属全人类。海底矿产资源的实质性开发，将引发国际社会的政治、经济和环境问题，全球治理是协调各方利益和调节相互冲突、解决系列问题的有效途径和方式。本文提出国际海底区域的全球治理机制，在此框架下，通过具体案例，分析了海底矿产资源开发利用将导致的潜在环境和生态风险，介绍了一种能够平衡深海资源商业开发和深海生境保护的区域环境管理计划，对其在全球海洋治理中发挥的角色进行了探讨；在界定了中国国际海底区域利益基础上，提出中国参与国际海底区域治理的策略和政策建议。

关键词：国际海底区域；全球治理；挑战；风险

深海为人类提供着丰富的生态系统产品和服务。一些生态系统服务产生直接的经济价值，例如深海渔业提供的食物、海底油气和矿产资源，另外一些系统服务不能直接用经济价值进行衡量，如气象和气候调节[①]。随着人类对海洋空间的需求日益增长，国际海底区域成为各国关注的对象。工业金属需求的扩大和价格上涨，加上技术能力的进步，使国际海底矿产资源开采变得切实可行。然而，人类对于深海

① Armstrong C W , Foley N S , Tinch R , et al. (2012) Services from the deep: Steps towards valuation of deep sea goods and services. Ecosystem Services, 2012, 2：2–13.

系统仍知之甚少，对于未知领域的盲目开发将带来不可估量的生态损失和难以修复的海底环境问题。如何平衡海底资源的商业开发与生态环境保护之间的关系是一个重要而迫切的议题。进入21世纪，全球治理发展迅速，国际海底区域作为一个海洋地理单元，其产生的问题是全球治理问题的一部分，可将国际海底区域纳入全球治理体系中，运用全球治理的方式，协调各方利益和相互间冲突，本文目的在于探索一种国际海底区域全球治理机制，在此机制框架下开展治理挑战和治理路径等具体分析。

一、国际海底区域的全球治理体系

（一）全球治理与全球海洋治理内涵

全球治理的理论在20世纪90年代被提出，其目标是要在复杂的全球交往中建立起公正的秩序。随着全球化的发展和全球性问题的不断涌现，全球治理的内涵与实践空间也在不断发展之中，联合国全球治理委员会给出的"全球治理"的阐释为，治理是或公或私的个人和机构管理其共同事务的诸多方式的总和。在全球层次，治理不仅指政府间的关系，同时也与非政府组织、各种公民运动、多国公司以及全球资本市场等相关联[①]。全球治理的目标是在面对全球性问题时，需要国家以及国际间组织、各类非政府组织、国际行为体以及世界各国人民超越狭隘的国家、民族、组织以及个人利益，为人类的共同利益而合作以解决难题[②]。

海洋是全球治理的一个领域，目前对全球海洋治理并未有权威定义。根据学者的研究成果[③④]，全球海洋治理可理解为，在全球化背景下，各国政府、国际组织、非政府组织（国际间非政府组织）、企业（跨国企业）、个人等主体，为了在海洋领域应对共同的危机和追求共同的利益，通过协商和合作，制定和实施全球性或跨国性的法律、规范、原则、战略、规划、计划和政策等，并采取相应的具体措施，共同解决在利用海洋空间和对海洋资源开发利用活动中出现的各种问题。全球海洋

---

① 李东燕. 全球治理：行为体、机制与议题[M]. 北京：当代中国出版社, 2015.

② 黄日涵, 李丛宇. 中国力量促全球治理体系变革[J]. 中国社会科学报, 2016(1047).

③ 黄任望. 全球海洋治理问题初探[J]. 海洋开发与管理, 2014, 31(3):48−56.

④ 王琪, 崔野. 将全球治理引入海洋领域——论全球海洋治理的基本问题与我国的应对策略[J]. 太平洋学报, 2015(6):17−27.

治理的客体或者对象，主要是指海洋领域的已经影响或者将要影响全人类利益的全球性问题。这些问题的共同特点是，依靠单个国家难以解决，而必须依靠双边、多边乃至国际社会的共同努力，通过具有约束力的国际规制和广泛的协商合作来共同解决。

（二）国际海底区域的全球治理体系

为确保国际海底资源得到和平有序的开发，环境得到有效保护，国际社会早已将国际海底区域纳入国际法秩序框架，1982年通过的《联合国海洋法公约》（下称《公约》），开启了国际海底区域全球治理的序幕。《公约》规定，区域及其资源是人类的共同继承财产[①]，这表明国际海底区域属于全球公域（公地）。区域专为和平目的利用[②]，保护海洋环境不受"区域"内活动可能产生的有害影响[③]。各国在为保护和保全海洋环境而拟定或制定符合公约的国际规则、标准和建议的办法及程序时，应在全球性的基础上或在区域性基础上，直接或通过主管国际组织进行合作[④]。《公约》的这些规定，为国际海底区域的全球治理奠定了法理基础，提供了治理目标和治理方法。

结合全球治理及全球海洋治理的相关理论，本文认为国际海底区域全球治理体系应由目标、规范、主体、客体4部分组成，治理主体包括各主权国家的政府、政府间国际组织、非政府国际组织、跨国企业、个人等；治理规范除了《联合国海洋法公约》，还包括《生物多样性公约》、联合国渔业资源协议及相关海洋保护区制度等[⑤]；治理客体包括国际海底区域安全、资源和环境等现实问题；治理目标是确保区域和平利用、资源可持续开发和环境生态免受开发活动的有害影响。国际海底区域全球治理的过程，就是上述4种要素相互作用、相互影响（图1）形成一个完整的解决区域问题的体系过程。

---

① 联合国，联合国海洋法公约第136条. [EB/OL]. [2017－07－28]. http://www.un.org/zh/law/sea/los/article11.shtml.

② 联合国，联合国海洋法公约第141条. [EB/OL]. [2017－07－28]. http://www.un.org/zh/law/sea/los/article11.shtml.

③ 联合国，联合国海洋法公约145条. [EB/OL]. [2017－07－28]. http://www.un.org/zh/law/sea/los/article11.shtml.

④ 联合国，联合国海洋法公约197条. [EB/OL]. [2017－07－28]. http://www.un.org/zh/law/sea/los/article12.shtml.

⑤ 朱明远，郑森林. 深海生物多样性和深海保护区[C]//中国海洋研究委员会.走向深远海：中国海洋研究委员会年会论文集. 北京：海洋出版社.2013.

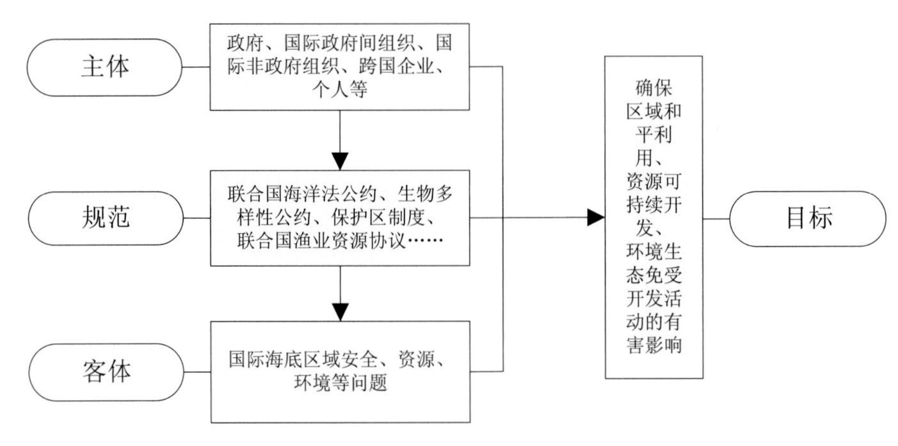

图1　国际海底区域全球治理体系组成

二、国际海底区域的全球治理挑战

国际海底区域蕴藏着丰富的多金属结核、富钴结壳、锰结核和热液硫化物等矿产资源，各国对资源需求的增大促使其将目光转向深海海底，截至目前，尚未有深海采矿项目进入实际开采阶段，但国际海底管理局签订的采矿合同的数量一直在增加。2001年，深海采矿合同只有6份，到2017年已经有27个项目，其中19个合同是最近6年签订的，采矿合同区域总面积超过100万平方千米[①]。采矿合同的急剧增多，说明近年各国加速了国际海底矿区的战略布局，未来将有更多的合同进入到实质性开发阶段。本文从试验性采矿和科学干扰研究、即将进入商业采矿项目两个层次，分析采矿的环境影响和潜在风险及给全球治理带来的挑战，并介绍已经开展的平衡商业开采和环境保护的管理计划，探讨这种管理计划在应对全球治理挑战中扮演的角色。

（一）深海试验性采矿的影响和潜在风险

深海多金属结核商业化试验性开采最早出现于1970年。此后，一些小规模商业化试验性开采及科学干扰研究开始实施[②]。商业化开采会对深海环境产生严重影

① Dover C L V, Ardron J A , Escobar E, et al. Biodiversity loss from deep-sea mining[J]. Nature Geoscience, 2017, 10:464−465.

② Jones D O B, Kaiser S, Sweetman A K, et al. Biological responses to disturbance from simulated deep-sea polymetallic nodule mining. PLoS ONE, 2017, 12(2): e0171750.

响，但人们对这些影响的认识却很少。基于现有的试验结果，总结深海采矿可能存在以下影响和风险。

（1）采矿可能影响深海为人类提供的重要环境效益。深海在地球碳循环中扮演关键角色，通过捕获人类排放大量的碳以调节天气和气候，采矿活动可能会扰乱这些深海碳汇，将多余的碳释放回大气层①。

（2）采矿会造成生物多样性损失，而且损失是长期的、可能是不可挽回的。一项针对太平洋7个试验点生物群落的研究表明，开采后的“即时影响”是非常严重的，会出现群体性的生物密度和生物多样性减少，少数生物群落需要20多年才能恢复到基线或控制条件②。另一项针对中太平洋东部深海断裂带多金属结核覆盖区域及覆盖区上方区域的生物群进行对比研究表明，结核上方海域生物群密度比结核覆盖区生物群密度的两倍还高，通过“模拟开采37年”试验发现，采矿将几乎完全清除该区域的生物群落，使其完全恢复是个非常缓慢的过程③。

一个由科学家、经济学家和律师组成的国际小组提到，国际海底管理局作为一个负责规范公海海底采矿的机构，必须认识到采矿活动的风险，并要让参与国及公众都能清晰地认识到这些风险④。国际海底管理局是制定深海治理规范的关键主体，采取什么保护措施减少生物多样性损失，并将这种措施制度化是国际海底管理局面临的重要挑战。

（二）深海实质性商业采矿面临的治理挑战

鹦鹉螺（Nautilus）矿业公司⑤是世界上率先开展海底采矿的公司之一，其在巴布亚新几内亚沿岸的Solwara I 金铜银矿项目将于2019年初开始运营，这是史上首例

---

① Wedding L M, Reiter S M, Smith C R, et al. Managing mining of the deep seabed[J]. Science, 2015, 349(6244):144−145.

② Jones D O B, Kaiser S, Sweetman A K, et al. Biological responses to disturbance from simulated deep-sea polymetallic nodule mining. PLoS ONE, 2017, 12(2): e0171750.

③ Vanreusel A, Hilario A, Ribeiro P A, et al. Threatened by mining, polymetallic nodules are required to preserve abyssal epifauna[J]. Scientific Reports, 2016, 6.

④ Dover C L V, Ardron J A , Escobar E, et al. Biodiversity loss from deep-sea mining[J]. Nature Geoscience, 2017, 10:464−465.

⑤ 鹦鹉螺矿业公司总部设在加拿大多伦多，由世界最大的几个矿业公司共同拥有，其中包括巴里克黄金公司（Barrick Gold Corporation）、盎格鲁美洲公司（Anglo-American）、泰克明科公司（Teck Cominco）以及Epion控股公司。

深海商业开采项目。该项目位于新爱尔兰省俾斯麦海域1200～1600米深海底，计划开采矿石总量2700万吨，预计开采时间为30个月，大约有13万吨非固态沉积物（覆盖矿藏约6米）及11.5万吨废石将被移至或泵送至附近更深的海床下坡区域，矿石由一个海底采矿设备进行收集。Solwara I矿区包含了大量活跃和不活跃的热液喷口共4万多个。由于块状硫化物矿床与深海热液喷口系统及其独特的化能合成生态系统密切相关，采矿行动将会严重破坏深海热液喷口及周围的生态系统，因此，项目自从第一次提出以来就受到了环保人士的反对。2008年9月鹦鹉螺矿业公司向巴布亚新几内亚环境保护部提交了Solwara I项目《环境影响报告》，该报告分析了采矿将对热液喷口和周围生态系统及大型底栖生物的影响。但Richard Steiner教授[①]认为《环境影响报告》所提供的信息并不充分，许多意外风险分析不到位，甚至并未分析到，而且也未完成许多潜在影响的基础调研，因此他建议巴布亚新几内亚政府不要在这份《环境影响报告》基础上批准这个项目。

作为即将进入实际开采进程的深海采矿项目，鹦鹉螺矿业公司除了需要采取措施减缓采矿给海底生态系统带来的影响以外，还要考虑以下潜在风险：①项目所产生的水下噪声在600千米外都能听到，可能对半径15千米范围内的鲸目动物产生影响；②项目所用矿砂船压舱水带来的外来物种可能会污染陆域目的地的近岸水域；③满载有毒矿石、燃料以及其他有毒物质的货船或运石船一旦发生事故，将对附近海域环境产生极大影响；④该项目并没有形成一种多方认可的利益相关者磋商机制，很多利益相关者没有得到足够的关切，为项目的顺利运营埋下了隐患。这些可能的影响和隐性风险为该矿区的治理带来了挑战。

（三）应对挑战的深海矿区环境管理计划研究

鉴于人们对深海环境的了解程度不高，将海床重要部分指定为采矿限制的海洋保护区网络将为未预料到的环境影响提供重要保证[②③]。大规模的区域保护网络能

---

① Richard Steiner. Independent Review of the Environmental Impact Statement for the proposed Nautilus Minerals Solwara 1 Seabed Mining Project, Papua New Guinea. [EB/OL]. [2017-07-28].

② Wedding L M, Reiter S M, Smith C R, et al. Managing mining of the deep seabed[J]. Science, 2015, 349(6244):144-145.

③ Vanreusel A, Hilario A, Ribeiro P A, et al. Threatened by mining, polymetallic nodules are required to preserve abyssal epifauna[J]. Scientific Reports, 2016, 6.

够确保生物多样性及生态系统功能受到开采外的保护，其设计也能够帮助实现国际可持续发展承诺以及保护生物多样性的公约规定[①]。由于深海采矿生态反应存在巨大的不确定性，负责任的采矿需要依靠保护深海生物多样性的环境管理行动[②]，因此，科学家一直在探索平衡深海开采和生态保护的科学管理方法。深海治理跨越政治、地理和科学边界，采取何种规范非常复杂[③]。2013年的一项研究提出了一种专家驱动的系统保护规划方法，利用地理空间分析和专家意见制定保护建议，通过生物物理梯度对提出的保护网络进行分层，以保持各分区内独特海山数量的最大化。依据此方法，最终产生了一个由9个相同的400千米 × 400千米区域组成的海洋保护区网络，保护太平洋深海目标结核开采区域（例如克利夫兰–克利珀顿断裂带，CC区）的生物多样性和生态功能[④]。由于海底保护区网络是一个先验的活动，减少了采矿公司未来的不确定性，保护了采矿者权益，这种综合性、协作性的方法对于保护国家主权外海域及其他复杂海域具有全球性意义。

随着技术进步，深海采矿逐渐进入到实质性开发阶段，因此也造成了深海认知、治理规范和开发实践之间的矛盾。一方面，人类对深海系统仍然没有充分的、科学的了解；另一方面，深海采矿实践已经走在前面，造成国际海底区域全球治理的客体发生了变化，出现一些新的问题，而相应的治理规范并没有更新和完善，比如没有上升到国际法层面的成熟环境管理计划，这些矛盾形成了国际海底区域治理的全新挑战。网格式海底保护网络管理计划在应对深海采矿带来的不确定影响层面提供了一种有益的尝试，有待科学家的进一步研究完善，待国际海底管理局和其他国际海底区域治理主体通过后形成公认的国际规范。

---

① Veitch L, Dulvy N K, Koldewey H, et al. Oceans: Avoiding empty ocean commitments at Rio+20[J]. Science, 2012, 336(6087):1383−1385.

② Dover C L V, Ardron J A , Escobar E, et al. Biodiversity loss from deep-sea mining[J]. Nature Geoscience, 2017, 10:464−465.

③ Duke University. Deep ocean needs policy, stewardship where it never existed, experts urge. [EB/OL]. [2017−07−28]. http://www.sciencedaily.com/releases/2014/02/140216151359.htm.

④ Wedding L M, Friedlander A M, Kittinger J N, et al. From principles to practice: a spatial approach to systematic conservation planning in the deep sea.[J]. Proceedings Biological Sciences, 2013, 280(1773):20131684.

三、中国参与国际海底区域治理的策略

（一）中国在国际海底区域利益分析

2015年7月1日，第十二届全国人民代表大会常务委员会第十五次会议通过了《中华人民共和国国家安全法》，其中第三十二条提出“国家坚持和平探索和利用外层空间、国际海底区域和极地，增强安全进出、科学考察、开发利用的能力，加强国际合作，维护我国在外层空间、国际海底区域和极地的活动、资产和其他利益的安全”。该法首次以法律形式明确了我国在国际海底区域存在安全利益诉求。经过10年努力，我国深海资源研究开发活动实现了由单一的多金属结核资源向富钴结壳、多金属硫化物等多种资源、由单一的太平洋区域向印度洋和大西洋区域拓展的重大转变①。我国已成为世界上第一个在国际海底同时拥有3种资源矿区的国家。2017年5月，我国获得了第4块国际海底专属勘探矿区。一方面，这些矿区拥有的矿产资源、生物资源和空间资源形成了我国在国家管辖海域外的经济利益和能源安全利益及空间利益，另一方面，我国参与矿区勘探、开发所涉及船舶、人员、装备仪器和海上附属设施，构成了我国在国际海底区域的安全利益等。上述利益受相关国际法、国内法的保护，是国家利益的重要组成部分。

（二）中国参与国际海底区域治理建议

中国一直积极参与国际海底区域全球治理体系，在治理规范建设方面，中国一直发挥着积极的作用，国际规范上，中国促进了海洋法公约的制定和国际海底区域有关制度的建立，国内规范上，中国制定了《中国深海海底区域资源勘探开发法》和《深海海底区域资源勘探开发许可管理办法》。在当前国际深海区域矿产资源进入实质性开发的背景下，中国应不断推动深度参与深海治理体系建设。

（1）继续积极参与国际海底管理局开发规章制定进程，完善海洋法公约。充分利用国际海底管理局理事会成员的身份，增强深海采矿国际规则制定权，维护自身利益，承担大国责任。

（2）积极完善国内相关立法，制定深化《中国深海海底区域资源勘探开发

---

① 彭建明，鞠成伟. 深海资源开发的全球治理：形势、体制与未来[J]. 国外理论动态，2016(11)：115–123.

法》相关细则，为即将进行的开采活动提供制度保障。

（3）制定国际海底区域中国矿区生态环境研究计划，加强对矿区海底环境和生态系统背景（基线）的认知和了解，开展海底矿区海域空间规划研究，为增强治理话语权提供数据支撑。

（4）大力发展深海关键技术和装备，保障“深海进入、深海探测、深海开发”需求。

（5）加强与其他国家、国际组织和企业等治理主体联系，开展国家管辖海域外生物多样性养护、海底碳汇、海底垃圾、海洋酸化等全球治理重大议题治理方面的合作。

美国最新海洋（海岛）保护区动态及趋势分析

于　莹　刘大海　刘芳明　邢文秀　马雪健　徐秀丽

摘　要：本文针对美国扩大太平洋海洋（海岛）保护区提案，进行了相关文献检索、资料收集与翻译整编，并对保护区建立背景和最新动态进行了初步分析。在此基础上，基于《联合国海洋法公约》及相关国际海洋法理论，从保护区选址位置、设立依据、战略意义等方面，对该提案进行了深入剖析，并归纳总结出美国扩大太平洋海洋保护区提案的主要目的。依据以上研究结果，结合我国实际，对我国海洋保护提出相关建议。

关键词：海洋保护区；海岛；海洋权益；太平洋

近年来，美国在太平洋中部及西部选取远离大陆的偏远地区陆续建立了4个海洋保护区[①]，将诸多太平洋重要战略岛屿囊括其中，并在2014年提出进一步扩大保护区的提案[②]。值得注意的是，美国此举依据的是1906年制定的《古物法》，未经公开选址论证等过程，且其范围涉及部分公海区域。该提案引起了美国国内和太平洋周边国家的广泛关注，关于该举措目的的探讨有很多，媒体认为是保护海洋与海

① Juliet Eilperin, Obama proposes vast expansion of Pacific Ocean sanctuaries for marinelife. (2014−06−17). http://www. washingtonpost. com/politics/obama-will-propose-vast-expansion-of-pacific-ocean-marine-sanctuary/2014/06/16/f8689972-f0c6-11e3-bf76-447a5df6411f_story. html.

② Juliet Eilperin. Obama to create world. slargest protected marine reservein Pacific Ocean. (2014−09−25). http://www. washingtonpost. /politics/obama-to-create-worlds-largest-protected-marine-reserve-in-pacific-ocean/2014/09/24/e2ecaab433e-11e4-b47c-f5889e061e5f_story. html.

岛生态环境，也有组织认为是为了保护太平洋渔业资源，还有一些专家认为是为了保护海洋权益。对于我国来说，太平洋海洋权益尤为重要，有必要摸清美国这一系列举措的目的。

一、美国设立太平洋海洋（海岛）保护区背景、最新动态简介

美国政府近年来一直在推进太平洋大面积海洋（海岛）保护区的建设。美国前总统乔治·沃克·布什任期内设立了4个大型海洋保护区：布什总统于2006年6月颁布8031号公告，宣布建立帕帕哈瑙莫夸基亚国家海洋保护区（Marine National Monument，36.3万平方千米），包含西北夏威夷群岛及周围水域；2009年1月，卸任前的布什总统颁布法令，建立了马里亚纳海沟国家海洋保护区（Marinas Trenth National Marine Monument，24.6万平方千米）、玫瑰环礁国家海洋保护区（Rose Atoll Marine National Monument，3.5万平方千米）和太平洋偏远岛屿国家海洋保护区（Pacific Remote Islands Marine National Monument，21万平方千米），保护区域包括马里亚纳海沟、美国萨摩亚群岛里的玫瑰环礁和赤道附近的7座小岛（贝克岛、威克岛、约翰斯顿环礁、贾维斯岛、豪兰岛、金曼礁和帕迈拉环礁）以及这些岛屿周边50海里的海域。

设立以上4个国家海洋（海岛）保护区依据的是美国1906年制定的《古物法》。该法授权总统依据其判断力可以宣布历史标志物、历史或史前建筑物，以及其他位于陆地上的具有历史或科学意义的物品建设为国家纪念物[①]（有些文献将National Monuments翻译成“国家纪念物”，也有一些文献翻译为“国家纪念碑”，建议翻译为国家遗址、国家遗迹或国家保护区）。该法是与自然保护相关的最早颁布的美国联邦法，其促进了黄石国家公园——世界上第一个自然保护区的建立。

2014年6月17日，美国总统巴拉克·奥巴马宣布扩大美国太平洋偏远岛屿国家海洋保护区。提案中，位于太平洋中部的该保护区面积将从21万平方千米扩大到约260万平方千米，将原先保护区中7个岛屿周围50海里区域，扩大至200海里。这些岛屿位于北太平洋的夏威夷群岛到南太平洋的美属萨摩亚之间，按此计划，美国将

① 林新珍. 美国海洋保护区法律制度探析. 海洋环境科学, 2011, 4:594-598.

禁止在保护区内进行捕鱼、能源勘探和其他商业活动[①]。若该提案通过，美国则能够创建世界上最大的国家海洋保护区，并使世界海洋保护区总体面积增加1倍。

该提案同样是依据《古物法》中的相关条款，美国总统签署即可生效，当年就可以实施。值得深思的是，由于美国一直未加入《联合国海洋法公约》，在保护区的设立上可以避开内水、领海、专属经济区等相关条款的限制，仅通过其国内的《古物法》就可以在公海范围内建立海洋保护区。

二、美国各界对扩大海洋保护区的反应

美国各界对扩大保护区提案产生了不同的意见。环保人士、新闻媒体以及部分政治家认为，扩大保护区在海洋环境保护和太平洋权益维护上有积极作用；一些海洋渔业组织和专家持反对意见，认为保护区的维护力量不够，并且禁捕区的设立会对美国渔业产生不可估量的负面影响；还有一些政治家则认为，相关法律已不适用于现在，尤其是扩大保护区依照的是100多年前的《古物法》。

环保人士是该提案的主要支持者，他们认为此举是未来环境保护的重要一步。早在2010年，皮尤环境组织的全球海洋遗产项目（Global Ocean Legacy Project of the Pew Environment Group）中，已有来自40个国家的271个海洋领域科学家“呼吁建立一个世界级别的、大型、严格的海洋保护区”[②]。美国《国家地理杂志》评论说，环保组织和环保人士认为这是一个历史性的胜利，纷纷敦促奥巴马总统扩大保护区行动，限制太平洋捕捞、钻井及其他能够威胁物种的行为[③]。此外，也有专家认为太平洋海洋保护区的扩大目的在于维护美国的太平洋权益。美国国家海洋与大气管理局副局长莫妮卡·麦迪娜表示：美国“已经找到了一些施加全球影响力、领导全球海洋政策变革的新手段”。在过去大半个世纪，通过控制这些岛屿，美国在太平

① 邓文，李珍，青木，等. 奥巴马设立史上最大保护区政治军事内涵引关注. (2014−06−20). http://world. huan. qiu. com/exclusive/2014-06/5027362. html.

② Pierre Leenhardt, Bertr and Cazalet, Bernard Salvatetal. The rise of large-scale marine protected areas: Conservation or geopolitics? . Ocean＆Coastal Management, 2013, 85(A):112−118.

③ Brian Clark Howard, U. S. Creates Largest Protected Areain the World, 3X Larger Than California. (2014−09−24). http://news. nationalgeographic. com/news/2014/09/140924-pacific-remote-islands-marine-monument-expansion-conser. vation/.

洋上享有绝对的出入自由权，甚至有一些美国人把太平洋看成美国的湖。

虽然受到大多数环保人士的肯定，但是美国国内对该提案还是有较大分歧的。首先，一些研究者指出很多海洋保护区仅存在于纸面，因为在保护区内没有足够的管理手段来加强控制和监督。对于此，美国国家海洋与大气管理局负责人简·卢布琴科就曾公开表示，“我们没有足够的监控资源来实际执行、加强和充分了解这些区域”[①]。其次，夏威夷渔业组织相关人士认为保护区会给太平洋渔业带来负面影响，因而极力反对保护区的扩张。西太平洋渔业委员会发表声明，反对任何限制在该区域商业捕鱼的计划，认为这种广泛的扩张会剥夺美国渔业经营者的重要资源[②]。此外，美国国会仍有部分议员认为奥巴马无权凭借1906年的《古物法》建立一个国家海洋保护区。因为这一法案创立于一个世纪以前，已不适用于现在。其中，斯蒂夫·萨瑟兰议员激烈批评美国政府相关的海洋政策，他提供了一份名单，要求国会停止批准任何新的国家保护区（National Monument）的创立[③]。

三、美国持续扩大太平洋海洋保护区目的剖析

一般来说，各国选划海洋保护区时会把范围限制在管辖海域内，但美国最近建立的4个大型海洋保护区均涉及太平洋公海范围。值得肯定的是，太平洋海洋保护区增加了全球保护区面积，在保护海洋环境、生物、气候监测等方面具有重要作用。但同时需要注意的是，这些保护区将太平洋上的重要军事岛屿纳入其中，对于美国的太平洋海洋权益有着深远意义。

从生态环境角度，太平洋海洋保护区具有积极意义。第一，美国太平洋海洋保护区扩大了世界海洋保护区的范围。目前全球海洋保护区面积远远达不到《生物多

---

① Cressey, Daniel. Plans for marine protect high light science gap. Nature, 2011, 146(7329):146.

② Brian Clark Howard, Conservationists Spar With Fishermen Over Worlds. Largest Marine Monument. (2014−09−20). http://news. nationalgeographic. com/news/2014/09/140920-pacific-remote-islands-marine-monument-ocean-conservation/.

③ JulietEilperin, Pacific fishing interests oppose Obama. splan to expand marine reserve. (2014−06−30). http://www. washingtonpost. com/blogs/post-politics/wp/2014/06/30/pacific-fishing-interests-oppose-obamas-plan-to-expand-marine-reserve/.

样性公约》制定的10%总体目标，仅覆盖不到海洋总面积的3%[①]。2012年，据美国国家海洋与大气管理局（NOAA）的数据显示，美国已有海洋保护区的面积占美国总海域面积的8%[②]。若2014年太平洋海洋保护区扩大提案通过，美国则刷新了世界上最大的海洋保护区面积，也是最大的海洋禁捕区。第二，美国太平洋海洋保护区对该地区的特殊海洋生物、植被等保护具有重要意义。该地区保持着丰富的物种多样性，很多生态环境与生态群落都是不可复制的。包括在世界其他地方没有被发现的珊瑚、鱼类、贝类、海洋哺乳动物、鸟类、昆虫和植被等；也包括许多受到威胁的、濒危灭绝的物种，如玳瑁、珍珠牡蛎、巨砗磲、礁鲨、珊瑚礁系统等。第三，太平洋海洋保护区的建立有利于监测环境和气候的变化。这里的岛屿远离人类中心，提供了独特的条件供以研究赤道及全球环境变迁。海洋环境变化对海洋渔业等具有重要意义，如贝克岛、豪兰岛和贾维斯群岛周围海域有丰富的鱼类，是由于自西向东的赤道潜流在临近岛屿形成上升流导致局部营养富集造成的。第四，太平洋海洋保护区能够保护具有研究价值的特殊区域，增加人类对于海洋系统的了解。太平洋偏远岛屿包含一些世界最原始的珊瑚礁，能显示地球几千年来的气候变化史。例如，位于夏威夷西边的威克岛，有可能是世界上现存最古老的珊瑚环礁。约翰斯顿环礁也是古环礁，同样有可能是太平洋最古老的珊瑚环礁之一。此外，太平洋海洋保护区还能够保护和延续文化遗产和历史传统，包括土著民族、地方组织、科学和教育事业；保持重建生态系统的可能性等。

而从海洋权益角度，太平洋海洋保护区的建立使得美国能够强化太平洋上的海洋主权。美国在太平洋上的4个大型保护区范围内包括许多具有重要军事和政治意义的岛屿，其中很多岛屿都是或曾经是军事基地。夏威夷群岛被称为“太平洋的十字路口”，向来是重要的军事战略要地，美国在群岛中的瓦胡岛上建立了太平洋地区主要海空军基地，美属萨摩亚群岛曾是“二战”中美军在南太平洋部署舰队的大本营。威克岛是横渡太平洋航线的中间站，岛上部署了空中加油机，可以为美军飞机进行空中补给。豪兰岛现为夏威夷群岛和澳大利亚之间的中途航空站，美军每年要对其周边海域及岛屿进行巡视。美国统称这些岛屿为“无建制领土”，意为没有

① Bonnie J. McCAY, Peter J.S. Jones. Marine Protected Areas and the Governance of Marine Ecosystems and Fisheries. Conservation Biology, 2011, 25(6):1130−1133.

② 杨林林. 美国：8%的海域成为保护区. 渔业信息与战略, 2012, 3:252.

正式纳入行政编制的领土，但保护区的划建却将这些岛屿包含其中。新的扩大保护区政策进一步扩大了美国对于太平洋的掌控范围。

通过美国大型海洋保护区的发展，能够看到国家主权通过海洋保护区的划定在政治言论中逐渐合法化，该区内逐步增强的军事力量也许才是美国在这片广袤、富饶的太平洋海域持续扩大国家海洋保护区范围的真实目的。

四、结论与启示

美国这一系列海洋保护区的举措对我国未来海洋政策的制定具有启示意义。主要包括以下两点。

1. 对海洋保护区建设方面的启示

与发达国家相比，我国海洋保护区建设尚处于初级阶段。建议根据深远海海洋生境的特点，对有典型性和代表性的深远海地区进行保护区选划，扩大保护区范围，分级分类划定不同类型的海洋保护区；与国际海洋保护发展目标接轨，借鉴发达国家海洋保护区建设的方式方法，加强海洋保护区管理能力建设；对海洋生态环境进行有效保护，为全球海洋保护做出更大贡献。

2. 对海洋权益维护方面的启示

我国海岸线长，海岛众多，与周边国家海洋争端情况复杂，海洋权益维护困难大。可学习美国相关海洋保护区政策，在保护海洋生态环境的同时，逐步加强深远海保护区建设，大力推进相关的深远海研究，增强我国的海洋话语权，维护国家海洋权益。

美国太平洋海岛利用模式的演变及对我国岛礁权益启示

刘大海　张牧雪　刘芳明

摘　要：自19世纪以来，亚太地区一直是美国扩大国际市场和“维护其国家利益”的重要区域。太平洋岛礁作为美国经略亚洲的战略支点，其利用方式也随之变迁。本文选取太平洋上的夏威夷群岛、关岛等重要岛礁，通过研究岛上设施的变迁过程，总结美国太平洋海岛利用模式的演变，并为我国的岛礁利用和权益维护提供借鉴。

关键词：美国太平洋海岛；岛礁利用；岛礁权益

太平洋东临美洲，西濒亚洲、大洋洲。自19世纪以来，美国就将太平洋作为经略国家战略的重要区域。太平洋上的岛礁作为海陆兼备的特殊陆地区域，具有多元的价值系统，在亚太地缘政治格局、美国国防安全中也占据重要地位，是美国亚太战略的重要支点。美国在不同时期对岛礁采取不同的利用方式，建造不同类型的设施。岛礁上军用、民用设施的变迁，反映出了美国对太平洋地区的关注程度，也反映了美国亚太战略的演变。

自19世纪以来，美国通过各种扩张手段占领了太平洋上的诸多具有重要战略地位的岛礁。本文选取处于美国主权范围之下的夏威夷群岛、关岛、中途岛及7个太平洋偏远岛礁作样本，通过分析3个历史时期（19世纪中叶到20世纪初、“二战”时期到20世纪末、21世纪以来）岛礁及上面的军用、民用设施变化，研究美国太平洋战略的演变历程；同时，分析美国太平洋海岛的演变模式在岛礁开发利用上的鲜明特色，对我国保护和管理海岛、维护岛礁权益和海洋利益提供借鉴。

一、第一阶段：19世纪中叶到20世纪初

美国经略亚太可以追溯到19世纪中叶，当时的美国刚刚走出内战，正在与欧洲列强争夺整个美洲殖民地的控制权[①]，而对太平洋的扩张仍在酝酿之中。对当时的美国来说，至高无上的海洋利益是商业而非安全和威望，海军亦服务于海上贸易[②]。所以，美国对太平洋诸岛的关注，主要在于它们在商业贸易通航中的重要位置。

19世纪中叶，美国开始涉足太平洋，占领了北太平洋中部的中途岛。中途岛位于火奴鲁鲁西北2100千米处，居太平洋东西航线的中间位置。19世纪40年代太平洋中部威克岛上出现了美国的居民点。威克岛地处关岛和夏威夷之间，是横渡太平洋航线的中间站。对这两个岛礁的占领，使美国占据了太平洋航线中的重要支点。

在美国进行亚太贸易活动，扩大国际市场范围的过程中，夏威夷的地位变得更加重要，因此美国对夏威夷觊觎由来已久。19世纪80年代，欧洲列国对世界上的重要岛屿、航线展开激烈的竞争，受到威胁的美国开始更多地关注维护国家安全。为实现防御需要武力向海外延伸，将兵力从安全的前沿基地直接派出，由此，太平洋上的岛屿成为美国国家利益的一部分。1884年，美国与夏威夷王国达成协议，美国获准在夏威夷的珍珠港上修建维修站和加煤站，这意味着美国海军在夏威夷获得立足点[③]。

1898年，美西战争成为美国向太平洋正式进行军事扩张的开始。这一年，美国正式吞并夏威夷，夺取西太平洋上关岛，控制东萨摩亚，占领威克岛，并在瓦胡岛、关岛和中途岛上修建海军基地，整个北太平洋边缘地区都处于美国的控制之下。战后，美国正式接管菲律宾，建成由夏威夷到菲律宾之间的海底电缆连结站。通过这一时期的扩张，太平洋上的三大良港（夏威夷的珍珠港、萨摩亚群岛的帕果帕果港和菲律宾的马尼拉港）全部落入美国手中，这三个港口分处北、南太平洋腹地和亚洲东南部门户，可以成为最好的战略基地。

美国对海岛的利用，呈现鲜明的“先军后民”的特征。例如，关岛是美国与

① 王华. 近代美国太平洋扩张问题再认识. 鲁东大学学报：哲学社会科学版, 2011, 28(1):28–33.
② ［美］乔治·贝尔. 美国海权百年——1890—1990年的美国海军. 北京：人民出版社, 2014.
③ 肖鹏. 看美国如何摘取“夏威夷熟梨”. 海洋世界, 2011, 9:53–55.

远东、东南亚和澳大利亚间跨洋的海空交通枢纽，美国占领关岛后，开始在岛上建立军事基地、兵营和相关军事设施；随着军事设施的建立，电报站、民用机场等民用设施也如雨后春笋般出现在关岛上。这种情况的出现有以下几个原因：首先，在“一战”前，由于西欧列强剑拔弩张的紧张形势，除了防备日本的潜在威胁外，美国将更多的战略关注和军事力量给予了大西洋；其次，20世纪20年代华盛顿国际会议上各国达成了限制军备的共识[①]，虽然美国的初衷主要是出于对英国、日本在太平洋上军备力量的限制，但自身也不可避免地受到影响；最后，由于在第一次世界大战中遭受了巨大伤亡，美国在20世纪二三十年代孤立主义达到顶峰，决心不再参与任何在欧洲发生的军事冲突，国会对太平洋海岛的军事建设也有强烈抗拒。在这种情况下，民用设施的建设，是限制军用设施的背景下美国控制太平洋海岛的必要手段。

因此，“一战”前后，美国对已占领的太平洋诸岛，不再进行大规模的军事化建设，而转向民用设施建设，夏威夷群岛、马里亚纳群岛的农业和商业都得益于民用设施的改善而发展起来。尤其是在作为太平洋航线中转补给站的瓦胡岛、关岛等岛屿，也建立了民用机场和港口。20世纪30年代，美国占领了约翰斯顿环礁、贝克岛、豪兰岛、贾维斯岛等小岛礁，设置居民点、灯塔等民用设施。泛美航空公司的跨太平洋航线穿过中途岛和威克岛[②]，在岛上建立起民用航空站。美国将扩张之手伸到了中太平洋。

二、第二阶段：“二战”时期到20世纪末

“二战”爆发初期，欧洲焦灼的战事使美国一直坚持“欧洲至上”的战略，重点壮大大西洋舰队，重点军事防御大西洋而非太平洋，这使美国在大西洋上处于主动而在太平洋上处于被动。但是在亚洲（包括中国、菲律宾等）的利益上，美国和日本一直处于矛盾状态，尽管陷入被动防御的态势，但美国仍在太平洋的中途岛、威克岛、约翰斯顿环礁、贝克岛、金曼礁修建了海军和空军军事基地和防御工事，并部署了战列舰和潜艇，太平洋舰队则驻扎在夏威夷。

---

① 张愿.美国远东外交与华盛顿体系下的海军军备限制问题.华中师范大学研究生学报，2007，4:104—109.

② Office USGA. U. S. Insular Areas: Application of the U. S. Constitution. 1997:63.

1941年12月，日本偷袭珍珠港，美国在珍珠港的战列舰队崩溃，空军被摧毁，关岛被日本占领，东南亚和西南太平洋也被日本控制住。但美国在中太平洋的海军基地未受损，4艘航空母舰也没有受到损失。美国对日宣战后，对太平洋上的海军和空军力量做了重新部署。为了保护本土海岸和通往澳大利亚的补给线，美国被迫暂时放弃菲律宾，集中兵力于南太平洋抵挡住日军进攻，先后在珊瑚海（1942年5月）、中途岛（1942年6月）挫败日本[①]，获得战争主动权。1942年8月，美国开始太平洋上的局部反攻，从中太平洋和西南太平洋双向推进，逐步掌握了太平洋的制空权和制海权。

在此期间，太平洋的海岛在美国重新进行的军事部署中发挥了军事中转、联络、补给、支援的重要作用。美国在夏威夷瓦胡岛上大力扩建军事设施，对珍珠港进行重点改建和扩建，建立空军和海军基地，并部署了潜艇和海军陆战队。太平洋上的约翰斯顿环礁（珍珠港海军的避风港）、豪兰岛（澳大利亚和夏威夷的中转站）等岛礁都修建了海军航空兵站。1944年，美国夺回菲律宾、马里亚纳群岛，占领马绍尔群岛，在关岛、塞班岛等岛上重新整修了空军基地，并以此为跳板进攻日本本土。1945年6月，美国攻陷冲绳群岛，为在日本本土的登陆作战做好了准备。随后，盟军派遣部队进入亚洲战场和美国向日本本土投下两颗原子弹，加速了日本政府宣布投降。

第二次世界大战巩固了美国在世界的海权地位，然而，随着冷战的开始，美苏两个海权大国开始了在世界范围内的领导权竞争和军备竞赛。欧亚大陆、太平洋地区、印度洋沿岸都是两国竞争的焦点。而在亚太地区，美国则以三条岛链为基础实行战略防御：第一岛链是阿留申群岛—日本列岛—琉球群岛—中国台湾—菲律宾群岛—印度尼西亚群岛的岛屿链；第二岛链为日本列岛—小笠原群岛—硫黄列岛—马里亚纳群岛—雅浦群岛—帛琉群岛—哈马黑拉马等岛群；第三岛链以夏威夷群岛为中心，北起阿留申群岛，南到大洋洲一些群岛，涵盖广阔的西太平洋区域[②]。三条防线实现了对亚太地区的封锁。“二战”后，太平洋上的部分重要岛屿仍然发挥军事上的作用，例如关岛作为海、空战略要地，在朝鲜战争和越南战争期间发挥着补给站和中转站的作用；威克岛作为关岛到夏威夷之间的补给站和中转站，1962年修

① 张耀. 回首二战——第二次世界大战的亚太战场. 世纪, 1995, 3:32−33.

② 史春林, 李秀英. 美国岛链封锁及其对我国海上安全的影响. 世界地理研究, 2013, 2:1−10.

建了现代化空军机场，成为美军飞机从檀香山到东京和关岛的加油站、空中补给点，现在仍是飞机紧急着陆站和加油站。同时，由于美国与苏联之间的军备竞赛和核威胁，美国在威克岛、约翰斯顿环礁、马绍尔群岛等岛上都建造了导弹试验基地。

但从整体来看，在冷战期间，美国与苏联的竞争重点还是放在大西洋及其沿岸，海军亦主要针对欧洲、西亚和中东诸国。太平洋上的一些偏远岛礁（例如金曼礁、贝克岛等）的军事设施被撤废，建立起了野生动物保护区。20世纪50—60年代，夏威夷群岛、马里亚纳群岛、东萨摩亚、威克岛等岛屿，开始大力发展民用设施，如民用机场、港口、电缆、飞机补给站等，建造现代化设施，发展旅游业和其他产业。夏威夷于1959年正式被列为美国第五十州，随着成立州后各产业的发展，民用设施进一步完备，农业、国防工业、旅游业先后发展起来。美国对太平洋的控制已不局限在军事方面，而是同样重视当地经济发展和商业中转地位。

冷战后期，美国海军将太平洋假设为自己的战略进攻目标。而随着太平洋区域形势的稳定，虽然美国的太平洋舰队也是实力雄厚，但在太平洋的行动却一般没有具体的政治目标[①]，太平洋各岛礁也基本未进行大兴土木的建设。20世纪90年代，苏联解体，冷战结束，国际格局发生重大变化，美国开始重新进行战略调整，在试图建设全球性海外军事基地的过程中曾一度放松了对太平洋上关岛、夏威夷等军事基地的建设。

三、第三阶段：21世纪以来

进入21世纪，世界逐渐走向多极化格局，中国崛起，日俄海洋实力增强，亚太地区的重要性越来越突出，美国对太平洋区域关注度再一次提高。

美国在亚太地区的重要地位建立在其强大的海洋力量之上。太平洋司令部负责的区域覆盖了地球上50%以上的海域，从美洲大陆的西海岸到非洲大陆的东海岸[②]，从北极圈到南极圈，前沿部署主要位于日本、韩国和迪戈加西亚。第7舰队的战舰核心部署于美国在日本和关岛的海军基地，其他战舰轮流部署于夏威夷和美国西海岸基地上。美国在亚太地区拥有大量的海外基地，日本的横须贺、冲绳海军

① ［美］乔治·贝尔. 美国海权百年——1890—1990年的美国海军. 北京：人民出版社, 2014.
② 益明. 美国五大战区司令部“瓜分”全球. 决策与信息月刊, 2007, 7:70−72.

基地，韩国的乌山空军基地和汉城基地，这些海外基地与关岛、阿拉斯加和印度洋上的军事基地相呼应，控制着具有战略意义的航道、海峡和海域。进入21世纪，美国太平洋军事部署发生明显变化，主要表现在对关岛和夏威夷的重视。自2000年以来，美国不断加大对关岛的兵力投入，修整了导弹基地和核潜艇基地，并部署了更多的导弹、潜艇和航母，将关岛建设成为了西太平洋超级军事基地，实现其对亚太的防御目的[①]。2005年后，美军在夏威夷先后建立了数个赋能司令部，并在瓦胡岛建立弹道导弹防御体系，以防御敌方战略导弹。这些部署体现了美国亚太再平衡战略意图。

美国加强对太平洋区域的控制，还体现在美国太平洋保护区的建立和扩大上。自2006年建帕帕哈瑙莫夸基亚国家海洋保护区（包含中途岛和西北夏威夷）起，美国开始在太平洋上大规模建设海洋保护区。2009年，美国宣布在太平洋上建立3个海洋保护区，包含马里亚纳群岛、东萨摩亚、太平洋偏远小岛礁。2014年太平洋偏远岛屿的保护区范围扩大到200海里海域，该项变化加强了美国对岛礁民事活动的限制，禁止在保护区内进行捕鱼、资源勘探和其他活动，弥补了因未加入联合国海洋法公约而不被国际认可的专属经济区的权利。这一举措加强了美国对这7个岛礁及附近的控制，从而扩大了美国在太平洋的影响力和控制力。

四、结论和启示

（一）美国亚太战略演变趋势

美国在不同时期的地区战略是根据当时的世界格局和国家根本利益所制定的。根据以上三个时间段美国太平洋战略的演变过程，可以看出美国在不同时期对太平洋海岛的利用方式不同，由此体现出美国亚太战略的演变。从19世纪中叶到21世纪初，美国对亚太地区的战略演变大体经过了“战略扩张——战略防御——重返亚太”这样一个大体趋势。

战略扩张（19世纪中叶到20世纪初）：美国从19世纪中叶开始介入太平洋。太平洋是美国从美洲大陆到亚洲商业扩张的转变中一个必须要跨越的衔接点。通过军

① 韩江波. 关岛——美军控制西太平洋作战体系的“纲”. 当代海军. 2006, 12:30−34.

事扩张、经济渗透、政治干预等手段，美国先后控制了太平洋上的中途岛、夏威夷群岛、关岛、东萨摩亚、威克岛等战略岛屿，把扩张的跳板一直搭到了亚洲的东南门户菲律宾。美国海军在太平洋上控制的岛礁以航线的补给站和中转站为主，其中中途岛是夏威夷到菲律宾的中转站，豪兰岛是澳大利亚和夏威夷的中转站，威克岛是夏威夷到关岛的中转站。美国通过控制这些岛礁，控制了太平洋上的重要航线。

战略防御（“二战”时期到20世纪末）：珍珠港事件后，由于日本的疯狂扩张和美国的海军受到打击，美国被迫收缩防线，放弃菲律宾、关岛，集中兵力保护从美国到澳大利亚的航线及航线上的岛屿。“二战”后，美国收回关岛等被日本占领的岛屿，并占领马里亚纳群岛，太平洋重要航线重新由美国控制。经过第二次世界大战，英国、日本两大海上强国的元气大伤，美国却取得了太平洋上的霸主地位。然而随着冷战中与苏联的对峙，美国并未继续向太平洋扩张，而是在太平洋上形成了以三条岛链为基础的防御态势，防御并封锁欧亚大陆上的主要社会主义国家。直到冷战结束，美国将军事战略重点都放在大西洋沿岸，对太平洋区域的军事关注降低。

重返亚太（21世纪）：21世纪以来，美国突然高调重返亚太。美国对关岛的军事部署不断加强，正体现了美国对亚太地区的军事关注在加强。但冷战结束后，国际秩序一直处于较为稳定的状态，促进和控制一个繁荣、安全、稳定的亚太共同体，将使美国成为受益人。在这种国际背景下，美国在太平洋上的海上力量，除了以强大的军事力量为后盾外，还在于控制太平洋海上通道、重要岛屿和海洋资源，稳定美国在国际贸易中的地位，维护商业和安全。此时，选择安全合作和联合设防，比起美国单方面的军事扩张更加适合亚太地区的形势。除了军事部署外，建设海洋保护区也是加强对太平洋控制的重要手段，这种温和的手段避开了亚太地区其他国家直接相关的利益，却在无形之中保护了美国对海洋资源的专属开采权，增强了美国对太平洋地区的影响力，美国在太平洋的海上力量还在不断加强。

（二）美国太平洋海岛利用的特点

随着美国对亚太地区的战略演变，美国太平洋海岛的控制和利用方式也随之发生改变，一般表现为：军用和民用相结合；经济控制与军事控制并用；政治、法律、军事、科研、国际合作等各种手段协调使用。

1. 军用和民用相结合

海岛上的军用设施主要表现为军事基地、补给站、军港、机场和导弹基地等。美国在最初占领一个居战略位置的海岛后，一般会首先建造军用设施，派遣驻兵，实际控制整个海岛及周边海域；随后，为了发展海岛经济、巩固对海岛的控制和影响，美国会完善岛上民用设施（例如民用港口、机场、通信设施等），促进本土农业、工业、旅游业的发展，尤以夏威夷岛、关岛为代表。

2. 经济控制与军事控制并用

在获取对一个海岛的控制权时，除了军事手段，与之建立经济贸易往来也是一个手段。例如，美国在吞并夏威夷时，先利用经济贸易使之对美国产生极大的经济依赖，然后获取在岛上建立海军驻地的机会，从而逐步渗透，实现对夏威夷的控制。

3. 政治、法律、军事、科研、国际合作等各种手段协调使用

冷战结束后，和平与发展成为时代的大趋势，比起军事手段，采取法律、科研甚至环保等缓和手段也是维护本国海洋权益的有效途径。2014年的扩大海洋保护区面积之举措就是其中一例。

（三）启示

同美国相似，我国同样具有很多大大小小的岛礁，如何有效利用和保护岛礁、维护我国岛礁权益和海洋权益成为我国经略海洋的出发点之一。维护岛礁权益，既要实现岛礁的实际控制，也要注重岛礁的开发和保护。军事防御与经济发展并行、海岛利用方式多样化将成为我国控制和利用岛礁的有效模式。

军事控制是实际控制岛礁最为直接和有效的方式。海岛军事设施的建设不仅可以保护海岛本身不受侵扰，还可以巩固国家海防，增加威慑力，实现国家的战略防御。但军事设施的建设于区域局势的稳定存在一定的风险，所以在使用军事手段时应更加谨慎。

建立民用设施，推动海岛经济发展是实现岛礁长久利用的重要条件。海岛经济的发展，可以使海岛从依赖低级产业或国家补给转变为自己创收创汇，甚至带动周边区域经济的发展。同时，也有利于吸引居民入住海岛，形成完整的行政系统，使

海岛从各方面从属于国家，从而加强对海岛的影响力和控制力。

在我国也存在大量类似约翰斯顿环礁、贝克岛等美国太平洋岛礁的无居民海岛，对于这些海岛，我国应以立法的形式，宣示其主权为国家所有，并加强对海岛的保护与管理，进行有序开发。在实现对岛礁的有效控制和开发后，可以将其作为“一带一路”的战略支点，为国际合作提供新的集散地和贸易空间。

在“一带一路”倡议的背景下，国际合作与贸易更加便利，位于我国管辖海域的海岛迎来了经济发展的新机遇。例如西沙群岛生态环境优良，旅游资源丰富，旅游业发展前景广阔。所以当前，一方面应着力完善岛礁上基础设施建设，为发展旅游经济和贸易经济奠基；另一方面也应增加政策倾斜，为外国友人入境旅游提供便利。在新政策的影响下，海岛经济及对周边区域的带动作用会得到进一步发展。

美国扩大太平洋岛屿保护区范围的权益意义与我国对策研究

刘大海　于　莹　刘芳明　连晨超　张牧雪

摘　要：自2006年起，美国不断扩大太平洋上的国家海洋保护区面积。美国以海洋生态环境保护之名，将太平洋上的重要战略岛屿划为美国管辖的海洋保护区，以进一步维护海权。本文针对这一发展趋势，广泛收集历史资料和最新资料，并对其进行了深入剖析；结合最新时政，从政治、经济、航运、资源等方面分析美国扩大海洋保护区背后的权益意义。同时，结合中国当前情况，就如何维护我国在太平洋海域的海洋权益，应对美国等海上大国在太平洋上的威慑举动开展了具体对策研究，并提出相关对策建议。

关键词：美国；太平洋岛屿；保护区；海洋权益

自2006年起，美国不断扩大其在太平洋上的国家海洋保护区面积，截至2009年，已在太平洋上设立了4个海洋保护区。美国总统奥巴马于2014年6月宣布，有意继续扩大太平洋偏远岛屿国家海洋保护区面积[①]，并于同年9月25日签署了备忘录。届时，美国将成为拥有最大面积海洋保护区的国家。值得警惕的是，在保护海洋环境的同时，该举措背后还隐含着美国对太平洋海洋权益的维护和进一步扩张的意图。作为传统海洋大国，美国在太平洋的一系列举动具有重要的研究意义，可为我国借鉴和学习，以加强海洋利益维护、推动海洋强国建设。

---

① Juliet Eilperin. Obama proposes vast expansion of Pacific Ocean sanctuaries for marine life. http://www. washingtonpost. com/politics/obama-will-propose-vast-expansion-of-pacific-ocean-marine-sanctuary/2014/06/16/f8689972-f0c6-11e3-bf76-447a5df6411f_story. html.

一、美国太平洋保护区扩大过程及法律依据

（一）美国太平洋保护区扩大过程

自2006年起，美国先后建立了4个以海岛为中心的大面积国家海洋保护区，保护区范围与传统公海海域有较多重叠。小布什和奥巴马两届美国总统都努力扩大太平洋上的美国海洋保护区范围，使得大量重要战略岛屿和大面积海域处于美国管控范围内。

2006年6月15日，美国总统小布什颁布8031号公告，宣布将夏威夷群岛周围的水域划定为西北夏威夷群岛国家海洋保护区（North western Hawaiian Islands Marine National Monument），2007年改名为帕帕哈瑙莫夸基亚国家海洋保护区（Marine National Monument，36.3万平方千米）。帕帕哈瑙莫夸基亚国家海洋保护区距离夏威夷群岛西北约250千米，绵延1931千米，包含10个岛屿和环礁，除了中途岛外皆隶属夏威夷州。该保护区于2010年7月30日纳入世界遗产名录，是美国第一个集合了自然与文化双重重要价值的世界遗产。

2009年1月，卸任前的小布什总统颁布法令，建立了马里亚纳海沟国家海洋保护区（Marinas Trench Marine National Monument，24.6万平方千米）、玫瑰环礁国家海洋保护区（Rose Atoll Marine National Monument，3.5万平方千米）和太平洋偏远岛屿国家海洋保护区（Pacific Remote Islands Marine National Monument，21万平方千米），保护区域包括马里亚纳海沟、美国萨摩亚群岛里的玫瑰环礁和赤道附近的7座小岛（威克岛、贝克岛、豪兰岛、贾维斯岛、约翰斯顿环礁、金曼礁和帕迈拉环礁）以及这些岛屿周边50海里的海域。

2014年6月，美国总统奥巴马宣布计划扩大太平洋偏远岛屿国家海洋保护区的面积，并于当年9月签署备忘录[①]。提案中将2009年划定的太平洋偏远岛屿国家海洋保护区的7座岛屿周围的50海里保护区域扩大至200海里，并禁止在保护区海域进行捕鱼、能源勘探等其他活动[②]。

---

① Juliet Eilperin. Obama to create Worlds. Larges protected marine reserve in Pacific Ocean. http://www.washingtonpost.com/politics/obama-to-create-worlds-largest-protected-marine-reserve-in-pacific-ocean/2014/09/24/e2ecaab4-433e-11e4-b47c-f5889e061e5f_story. html.

② 于莹，刘大海，刘芳明，等. 美国最新海洋（海岛）保护区动态及趋势分析. 海洋开发与管理，2015, 2:1.

至此，若2014年奥巴马总统的提案获得通过，美国将在太平洋北部拥有共计约324.4万平方千米的国家海洋保护区，其中太平洋偏远岛屿国家海洋保护区范围达260万平方千米。

（二）美国太平洋保护区建立及扩大的法律依据

2009年小布什总统设立的3个海洋保护区和2014年奥巴马总统的扩大保护区提案均依据美国国内法——《古物法》，而非国际上认可的各项法律文本。因此，美国在太平洋设立海洋保护区的提案并不能得到国际社会的支持。

《古物法》（Antiquities Act，1906—1916U.S.C.§§431—433）是美国本土法律，创立于1906年，是美国为了保护各类古迹、遗迹和国家纪念物等历史遗产不受人为影响等因素破坏的法律。在保护区建立方面，《古物法》第二条中授权总统依据其权力可宣布历史纪念碑，以及其他位于陆地上的，具有历史或科研意义的设施为国家保护区（National Monuments，直译为国家纪念碑）[①]。美国总统认为海岛及海洋中各类生物资源是“历史纪念碑”的一部分，因此有权将海岛及周边海域划为美国国家海洋保护区。根据该法建立国家保护区所需的程序较为冗长，但仅需总统提案国家即可承认，不需要公众和议院评议。此外，《古物法》第三条中规定，允许管理机构对历史遗迹开展检测、挖掘、采集和勘探等工作，并使用于科研、教育等行业；并且，美国有权对保护区配备军事力量，对别国破坏保护区的行为进行武力制止。这意味着，在依照《古物法》建立的保护区内，美国拥有优先开展科研考察工作的权利，也能够限制他国的科研工作，在保护生态环境之外，无疑加强了美国对该海域的控制实力。

对于加入《联合国海洋法公约》（以下简称《公约》）的国家而言，建立公海上的海洋保护区首先要符合《公约》中的各项要求。美国虽然参与了《公约》的制定，但仅签署了《公约》却没有批准《公约》，未成为其缔约国。尽管美国同意《公约》中的大部分条款，但美国多年来一直对是否加入《公约》争论不止，其中一个原因就是美国现行法律与《公约》中部分条款有潜在冲突，例如《古物法》。《古物法》赋予总统建立保护区的权利，但根据《公约》，各国在为保护和保全公海海洋环境而拟订和制定规则、标准和建议时，应直接或通过主管国际组织进行合

① 林新珍. 美国海洋保护区法律制度探析. 海洋环境科学, 2011, 4:594.

作，不能仅凭一家之言。而美国在几次扩大保护区的提案中，仅凭美国本土法律《古物法》，依靠总统提案划设海洋保护区，将在公海上设立保护区这一提案彻底转变为国内行为。而针对《古物法》与《公约》的冲突，早在2003年美国海洋保护组织主席就认为，美国若加入《公约》，有权利在认为必要时通过国内立法，单方面采取行动保护和保全海洋环境[①]。这无疑也为美国总统扩大海洋保护区打下了基础。美国仅凭借这个创立于100多年前的法律，即能建立公海上的海洋保护区，这也是该项提案遭到诟病的一大原因。

二、美国扩大太平洋保护区的反响

（一）美国国内反响

从美国国内社会舆论角度来看，美国扩大保护区的行为受到了环保人士的大力认可。皮尤慈善信托基金会等国际环保组织均表示支持[②]，使美国占领大面积的公海区域得到了舆论支持。需要注意的是，美国此举已将太平洋中部大面积海域划归在美国保护区范围之内，未来可能会随之由南向北扩展控制范围。正如设想，环保人士目前也在呼吁，建议美国继续扩大位于太平洋北部的马里亚纳海沟保护区和夏威夷群岛保护区，二者都是太平洋上的战略重点岛屿，在政治、经济、军事上有着非同寻常的意义。与此同时，也有媒体称美国海洋保护区涵盖范围应更大更广，敦促奥巴马总统加紧步伐扩大阿拉斯加海域的国家海洋保护区[③]。这意味着美国国家海洋保护区将从太平洋公海延伸至北冰洋，在海洋保护区背后，美国的海上控制范围将达到前所未有的范围。

（二）国际社会反响

美国扩大海洋保护区的提案似乎是一个信号，紧接其后，基里巴斯、英国也相继提出了加强管制和扩大海洋保护区的决议。2014年6月16日，基里巴斯总统承

① 张晓丽. 美国加入《联合国海洋法公约》问题. 海洋开发与管理, 2005, 22(3):25.

② Andrea Risotto. Expanded Protections for a U. S. Pacific Ocean Treasure. http://www. pewtrusts. org/en/research-and-analysis/fact-sheets-09/expanded-protections-for-a-us-pacific-ocean-treasure.

③ Richard Steiner. Obama Should Designate Marine National Monumentsin Alaska. http://www. huffington. post. /richard-steiner/obama-should-designate-ma_b_6404714. html.

诺会在2014年年底前禁止凤凰群岛保护区（PIPA）的一切商业捕鱼活动[①]。2008年成立的400多万平方千米的凤凰群岛保护区中，仅有3%的区域属于禁渔区。该海域作为金枪鱼的主要繁殖地，过度捕捞导致其产量逐年降低。尽管基里巴斯承诺过将尽快对其他区域实施保护措施，但多年来并没有真正执行，这引起了许多环保人士的批评。而基里巴斯的该项决议成为是否废除凤凰群岛海洋保护区的决定性因素。2015年5月，英国政府宣布建立世界上最大的单体海洋保护区，将位于南太平洋中部的皮特凯恩群岛周边83万平方千米的海域划为海洋保护区[②]。皮特凯恩群岛为英国海外领地，是英国在太平洋上的唯一一块海外领土。该海域作为远离人类活动影响的最原始海域之一，其内的珊瑚等生物种类十分稀有。并且皮特凯恩群岛原住民同意建立海洋保护区，以阻止外国非法捕捞船只的进入。因此，英国政府决定将其划为海洋保护区。

尽管凤凰群岛海洋保护区面积极为广阔且成立多年，但保护手段和措施极为缺乏，多次宣布保护区全面禁渔却一直未能实现，观其成效仅是一纸空文。国际社会也在不断抨击保护区无法实施有效措施。凭借凤凰群岛海洋保护区，基里巴斯多年来获得了大量的科研项目和经费的投入，也得到了多项国际投资的大型合作项目，其作为海洋保护大国在国际社会上也十分重要。可以看出，单方面追求保护区面积的扩大，并不能有效保护海洋生态环境，大面积海洋保护区的设立反而像宣示国力的一种手段，为国家赢得了极佳的国际形象。

美、英两国设立海洋保护区的形式极为相似。两国设立的海洋保护区均远离本国大陆，以战争时期占领的海外岛屿为基点，以大面积的海洋保护区范围为连接，将几个岛屿连接成大面积的海上领土。且保护区岛屿位于远离人类生活的大洋中心，与周围其他国家没有领海交叉。关于海洋保护区引起的国际纠纷已屡见不鲜，如英国查戈斯群岛保护区等，而建立在大洋中心的保护区则规避了这一点，也避免了建立保护区的最大国际阻力。可以看出，在远离人类的大洋中心建立海洋保护区已成为海洋大国宣示海洋权益的一种趋势，尽管美、英两国均以保护海洋生态环境为名，但其中的权益意义仍然不可忽视。

---

① 苗妮. 基里巴斯承诺今年年底在凤凰群岛实施禁渔. 中国科学报, 2014−06−19(3).

② Jonathan Amos. Budget 2015:Pitcairn Islands get huge marine reserve. http://www. bbc. com/news/sci. ence-environment-31943633.

三、美国选划太平洋保护区的权益意义

美国在太平洋上不断扩大国家保护区，一方面确实出于对海洋自然生态保护的需要；另一方面，也是以此名义开展“蓝色圈地运动”，以保护区的方式将海域和岛屿“围”起来，在政治、航运、军事、资源、科研等方面加强对这些区域的控制和权益需求。

（一）宣示政治权益

《公约》中规定，沿海国的专属经济区包括其领海以外依其陆地领土的全部自然延伸，最大不可超过200海里。美国在扩大保护区范围时，尽管依据的是美国国内法《古物法》而丝毫没有提及《公约》，但却使用了《公约》中规定的专属经济区最大海里范围，将2009年小布什总统颁布的太平洋偏远岛屿保护区岛屿周围的50海里海域，扩大至200海里。

美国在太平洋公海海域选划国家海洋保护区，本身显示着其对太平洋这些岛屿的控制意图，而200海里的保护区范围具有更丰富的内涵：通过海洋保护区来彰显美国有能力将太平洋公海上的岛屿和广袤海域划为美国的专属经济区，甚至是改为美国管辖的主权海域。而该提案依据的《古物法》授权总统可绕过国会，先将意欲保护的区域保护起来，再慢慢通过国会讨论将其中符合条件的转化为保护区[①]。该机制极大便利了美国迅速设立保护区，扩大美国在太平洋的控制和影响范围，同时遏制了其他国家对该区域的探索可能，甚至一些低敏感行为都受到了极大限制，为此一些渔业组织也提出抗议。

（二）加强地缘政治布局

地缘是人与人之间在特定地理空间相互活动及其关系的反映，具有积极的动态性[②]。地缘政治学中，根据地理要素的分布和政治格局的地域形式，可以分析和预测世界或地区、国家的战略形势和政治行为[③]。纵观整个太平洋地区，美国利用太平洋上具有战略地位的岛屿建立了三条岛链，其中第三岛链以夏威夷群岛为中心，

① 贺丰. 20世纪60年代美国历史保护运动研究. 上海：华东师范大学, 2010:45.

② 张江河. 对地缘政治三大常混问题的辨析. 东南亚研究, 2009, 4:80.

③ 曹金凯, 陈出云. 地理的力量：地缘政治学. 地图, 2008, 1:38.

涵盖大面积西太平洋区域，太平洋偏远岛屿保护区也是其中的一环。保护区内包含了许多重要战略岛礁，如关岛、威克岛、贝克岛等，它们在第三岛链中占据了重要地位。美国“二战”时就在这些岛屿上建设了大量的军事基地，以军事力量增加等手段，增加其对西太平洋的控制力。而现在美国利用海洋保护区的名义，禁止对这些岛屿进行开发和探索，是军事力量之外的又一控制手段。

从地缘政治角度来讲，扩大太平洋中的海洋保护区面积加强了美国对于亚太地区的话语权和控制力。随着美国“亚太再平衡”战略的出台，未来较长一段时期内，美国的战略重心都将放在亚太地区。我国是西太平洋国家，美国三条岛链的建立使得西太平洋地区的很多政治问题更加复杂化，对我国的战略也形成遏制。如我国与海洋周边国家存在着诸多岛屿归属以及海洋划界纠纷，这些问题都发生在第一岛链内及其附近海域。美国利用太平洋岛链布置牵制中国，插手亚太地区事务，在海防安全、海运经济等方面对西太平洋国家产生了威胁。太平洋上重要岛礁保护区的建立更是增强了美国对整个太平洋海域的威慑力，在三条岛链外增设了海上支点，既维护了美国对这些重要岛屿的控制权，又牵制了他国的行动，在地缘政治角度占尽先机。

（三）稳固航运支点

如今的世界经济更加趋于全球化，世界90%的货物贸易运输是通过海运实现的[①]。太平洋航线需横渡大洋，航线长、时间久，途中经过众多岛礁枢纽站，进行必要的补给和紧急避难等。而太平洋航线上的重要航运支点岛礁多数在“二战”时就已受美国控制，这些岛礁是从美国到中国、日本和东南亚各地的重要咽喉补给点。如位于美国—印度洋航线和日本—澳大利亚航线交叉点的关岛，是美国到亚洲各国的中转站，扼守着到日本、中国台湾、韩国和菲律宾至关重要的海上战略航道[②]。与关岛拥有相近航运支点地位的岛屿还有夏威夷群岛、威克岛、豪兰岛等。

在美国的太平洋海洋保护区扩大过程中，无论是2006年建立的保护区中心夏威夷群岛和中途岛，还是2009年保护区中心关岛、威克岛、豪兰岛等，均为太平洋上的重要航运节点：或是补给站、或是中转站、或是军事基地，一些大型岛屿还身

① 熊兴. 当前我国海上航线安全浅析. 中国水运, 2009, 9:28.

② 史春林. 美国对中国太平洋航线安全的影响及中国的应对策略. 中国海事, 2011, 2:35.

兼数职。美国通过扩大太平洋重要岛屿保护区范围，掌控太平洋海上交通的咽喉要道，对缩短海上航行时间、扼控海上通道、监视监控舰船、提升反应能力等具有重要作用，在美国的全球经济战略中占有极为重要的位置。

（四）加强军事战略支点

纵观历史，岛屿一直是各国太平洋海上军事部署的重心，美国在两次世界大战中占领的岛礁均为军事战略要地。如被称为“太平洋的十字路口”的夏威夷群岛，一直是美军事战略重点岛；美属萨摩亚群岛曾是“二战”中美军在南太平洋部署舰队的大本营，现为有人常驻岛；豪兰岛是夏威夷和澳大利亚之间的中途航空站，美国海岸警卫队每年巡视豪兰岛及邻近的贝克岛[①]。现在美国已把6艘航母部署在以关岛为中心的亚太地区，超过在欧洲的航母数量，潜艇也从282艘增加到345艘，目标是要把关岛建设成亚太地区的军事投射中心[②]。

美国在太平洋岛礁上的军事力量部署显示了美国军事战略重心的东移，美国海军的战略重点明确标注在了亚太地区。而美国太平洋上海洋保护区内的众多岛屿原本就保留着军事驻地，部分岛屿保留着部队编制，无人岛礁也是美国巡航的重点关注区域。尽管很多战时的军事部署岛屿现在已无常驻部队，但其军事威慑力依旧存在。在奥巴马2014年9月25日签署的备忘录中也表明，美军不会因为保护区的设置而降低军队的战备、训练和全球移动能力，美国国防部也仍会继续对威克岛和约翰斯顿岛进行控制。保护区成为这些军事力量的又一层保护伞，众多海洋保护区内的军事基地宣示了美国力求进一步控制这片广袤的海域。

（五）预占未来矿产资源

大洋洋底中蕴藏着大量的油、气等矿产资源，是人类未来生存和发展的希望。据估计，全球海洋石油蕴藏量1000多亿吨，已探明的储量为380多亿吨，其中80%以上在水深500米以下的深海[③]；世界天然气储量255亿～280亿立方米，海洋储量约140亿立方米。此外，洋底还藏有大量的锰结核等有研究开发价值的多金属结核

① 邓文，李珍，青木，等. 奥巴马设立史上最大保护区政治军事内涵引关注. 环球网. (2014−06−20). http://world. huanqiu. com/exclusive/2014−06/5027362. html。

② 钱文荣. 奥巴马政府的全球战略重心东移初探. 和平与发展, 2011, 2:1.

③ 李颖虹，任小波. 深海的呼唤：深海技术发展现状及对策思考. 中国科学院院刊, 2011, 5:561.

物，其中太平洋洋底的锰结核总量最多，约1.7万亿吨[①]。随着海底资源开发技术的发展和世界能源需求的增大，洋底资源终将成为未来世界能源的主要来源。

美国的太平洋海洋保护区大多位于大洋中部，目前大部分国家还没有足够的手段和力量来勘探开发这一地区的潜在资源。尽管现在美国宣布保护区内不可以进行石油开采等资源获取活动，但未来是否会由于技术进步、能源需求等问题打破该项规定，不是没有可能。通过将太平洋大面积海域划为美国的国家海洋保护区，既保护了未来美国对该区域的优先开采权利，同时也制约了其他国家对于太平洋上该区域内的矿产等资源的勘探权利，为未来海底资源的获取预先占据优势位置。

（六）扩展研究资源

大洋是人类认知较少的几个区域之一。以海面以下220 ~ 1000米中层海洋为例，那里有着地球上最丰富的生态系统，其间的生物数量比陆地上生物总量还多，而目前已知的生物还不足全部的5%[②]。全球约有30000个海山，60%以上分布在太平洋，但人类探索过的少于15%[③]。而海洋保护区在研究世界环境变化和海洋环境保护方面有着重要作用，如夏威夷群岛上就建立有大型海上试验场。

海洋研究受研究资料限制较大，美国海洋保护区的扩大将有利于美国独自获取并掌握重要资料，有利于美国深入探索和研究太平洋。可以说，该举措对于美国进一步开展太平洋气候、水文、生物、海底等研究有重要意义，进一步巩固了美国在太平洋上的霸主地位。

综上所述，生态环境保护是全世界关注的重要领域，然而，海洋也成为打着“生态环境保护”旗号显示国家主权的地方，很多海洋保护区的设立都有其政治目的。美国在太平洋上扩大海洋保护区这一举动中隐含着其对太平洋权益的把控意图。纵观近年美国相关举措，其不断推行“亚太再平衡战略”，旨在遏制中国在亚太地区的话语权，进而插手亚太地区政治、经济事务，加强其在亚太地区的霸权主义。途径之一就是以海洋保护区的名义在太平洋上占领重要战略岛礁并不断扩大其海域势力范围，加强对太平洋周边地区的控制能力，由对岛礁的“点”控制发展为

---

① 闻源. 海底矿产知多少. 资源导刊, 2010, 3:40.

② 苏光陆. 海底奇丽光芒大揭秘. 自然与科技, 2007, 3:56.

③ 张富元, 章伟艳, 朱克超, 等. 太平洋海山钴结壳资源量估算. 地球科学（中国地质大学学报）, 2011, 1:1−11.

对海域的“面”控制，强化在政治、经济、军事等领域的战略主导地位。

四、我国的对策研究

通过不断扩大以岛屿为核心的海洋保护区，美国在太平洋上的话语权和影响范围正在逐渐扩大。我国作为太平洋地区的海洋大国之一，应研究美国海上权益维护和扩张的方式，从维护世界海洋和平的角度出发，拟定适合我国国情和海洋强国建设阶段的因应对策，参与公海保护区建设和管理，切实保障我国在太平洋及周边地区上的海洋权益。

（一）建立深远海海洋保护区

我国已有良好的海洋保护区基础，大大小小的保护区遍布我国沿海地区，但从保护区类型和覆盖海域上看，我国海洋保护区建设仍处于初级阶段。目前我国海洋保护区类型较为单一，大多数海洋保护区仅注重保护单个物种或单个类型的生态环境，如白海豚保护区、红树林保护区、珊瑚礁保护区等。且目前我国海洋保护区覆盖海域多为近海海域或近海海岛，鲜有深远海海域保护区。

建议根据深远海生态环境特点，对专属经济区内典型的深远海生态系统进行保护区选划，建立大范围、多类型的大型海洋保护区。借鉴美国保护区建设管理方式方法，加强海洋保护区管理能力建设，并鼓励科研人员参与，更广泛、更深入地开展海洋保护科学研究，从不同角度加强我国海洋生态保护能力，从而在海洋环境保护、海洋科学研究等方面加强我国实力，扩大我国的海上影响力。

（二）拓展南海海洋保护区

南海是我国四大海中唯一联通太平洋和印度洋的海域，是中国名副其实的海上生命线，也是南下进入印度洋航运的必经之路；同时，南海地区又蕴藏着丰富的油气资源、海洋渔业资源等，对我国经济、社会发展影响重大。并且，作为中国唯一的热带海域，南海丰富的生物物种和独特的生态系统也非常具有研究价值。而我国在南海的海洋保护区目前仅设立在靠近海南岛一侧，大面积的南海海域还没有实施有效的保护措施。

建议拓展南海的海洋保护区覆盖范围，在南海中部、南部的大面积海域中选划大型海洋保护区，并建立综合保护机制，重点保护南海各类独特的生态系统和生态环境，为南海生态环境提供有效监督和保护措施。在调查与研究南海保护区建设的同时，对南海潜在的油气、矿产等资源进行深入调查，对南海保护区域和战略开发区域进行科学分类与优化选址，综合保障我国南海权益。

（三）建设南海战略支点岛

面对南海复杂严峻的国际形势，我国亟须对南海的安全保障采取措施。而在南海范围广、海况复杂、可利用资源少等条件制约下，要想把南海建设成我国南疆安全的屏障，南海岛礁在其中起着关键性作用。应对南海战略支点岛礁展开规划建设，通过点线面的不断推进，扩大南海上的安全保障控制范围。

建议在南海选取优势岛屿，开展战略支点岛建设，将部分岛礁建设成避风补给、应急救援、科学研究等服务保障基地，为我国及南海周边海域国家提供服务，促进南海地区和谐发展。同时，以战略支点岛为中心，深入开展南海的“海上丝绸之路”通道建设，加强印度洋和南太平洋海上通道的安全保障能力，增加我国对南海地区的实际控制力和影响力，为建立海洋强国提供有力支撑。

（四）参与公海保护区建设

公海利益逐渐受到国际社会的广泛关注，公海生物多样性、渔业资源、矿产资源等面临越来越大的风险，亟须国际社会多方合作，共同保护全球海洋资源和环境。我国作为一个负责任的大国，应在国际事务中发挥更重要的作用，在海洋环境保护、海上安全维护等领域履行更多的国际义务，公海保护区建设是践行环保的重要手段，也是拓展海外空间的有效方式。同时，参与公海保护区建设也是我国提供国际公共服务的表现，有利于促进国际合作进程。

建议选择与我国利益密切相关的战略区域，开展公海保护区的筹备活动，通过加强对关键区域的资源和环境调查，掌握尽可能多的海洋数据并深入开展研究，为公海保护区的建设和管理提供基础数据。同时，我国也应积极参与国际相关公海保护区的议题，积极发表意见，参与公海保护区的建设和管理。通过履行公海环境保护的义务，拓展国家的活动空间，维护我国在管辖海域外应有的海洋权益。

美国海岸警卫队职能演变及工作量占比研究

——基于2008—2015年美国海警官方数据

刘大海　刘芳明　连晨超　李晓璇

摘　要：基于对美国海岸警卫队基本情况的回顾，本文梳理了美国海岸警卫队职能的历史演变过程；收集整理了2008—2015年期间美国海岸警卫队的数据资料，运用“全工时评量法”和“折合全时工作量”指标，结合向海警、港口公安等专业人士咨询的结果，定量分析了美国海岸警卫队工作量的占比情况，并对分析结果进行了解读；基于以上研究，从中国的海上执法力量建设和实际工作的角度，提出了相关建议。

关键词：美国海岸警卫队；职能演变；工作量占比；官方数据

美国海岸警卫队（U. S. Coast Guard，以下简称USCG）是世界许多国家海上执法队伍的学习典范。国内学者对美国海岸警卫队的研究由来已久，李培志编译的《美国海岸警卫队》[①]、何学明等编著的《美国海上安全与海岸警卫队战略思想研究》[②]等系统介绍了USCG的历史沿革、组织机构、兵力部署、任务职能和战略思想等相关内容。从研究领域来看，学者们对USCG装备情况（综合深水系统[③]、国家安全保卫装甲舰计划[④]、小艇装备[⑤]）关注较多。此外，在执法情况方面，祁斌

① 李培志. 美国海岸警卫队. 北京：社科文献出版社, 2005.
② 何学明. 美国海上安全与海岸警卫战略思想研究. 北京：海洋出版社, 2009.
③ 李培志, 王英. 美国海岸警卫队“综合深水系统”现状及启示. 武警学院学报, 2005, 21(3):61−64.
④ 欧阳期林, 孙西镇. 美国海岸警卫队现代化建设现状. 公安海警高等专科学校学报, 2003, 2(4):48−50.
⑤ 何杰. 美国海岸警卫队小艇装备体系研究. 舰船科学技术, 2016, 38(4):153−157.

介绍了USCG行动指南原则及其海上执法船的最新情况[①]，傅崐成编译的《美国海岸警卫队海上执法的技术规范》、宋云霞翻译的《美国海上行动法指挥官手册》等研究了USCG的执法规范；在战略方面，卢佳[②]对美国海岸警卫队2010财政年度的战略规划进行了解读，苏朋[③]介绍了《美国海岸警卫队北极战略方针》。

综上可见，目前学者对USCG的研究集中在其基本情况、执法规范及战略规划等方面，尚无对USCG海上执法工作量和工作重点进行过系统分析，也缺乏对USCG职能动态演变的分析。针对这一问题，本文简要回顾了USCG基本情况，对其职能的历史演变进行了研究；收集整理了USCG于2008—2015年期间公开的年报和简报等数据资料，运用定量化方法，结合向海警、港口公安等专业人士的咨询情况，分析了美国海岸警卫队的工作量，并对分析结果进行了解读，提出了相关建议，期望对中国的海上执法力量建设和工作开展有一定的参考和借鉴意义。

一、美国海岸警卫队基本情况

USCG是美国海上唯一的综合执法机构，其执法海域范围包括美国沿海地区2500海里的通航水道、距海岸12海里的领海和340万平方海里的专属经济区。1915年威尔逊总统签署的《海岸警卫队成立法案》中规定：“海岸警卫队在任何时候都是一个武装部门，在需要时，转入美国海军，为海军提供服务。”《美国法典》第14篇规定：“海岸警卫队是一个军事机构，无论什么时候，它都是美国武装部队的一个分支，而不仅仅是战时或总统下达命令时。”[④]为了确保海岸警卫队的执法权力，美国专门制定了《海岸警卫队法》，详细规定了海岸警卫队的隶属关系、职能任务、队伍性质、机构设置等，赋予海岸警卫队登临权、检查权、抓捕权，甚至还赋予其可以直接登临美国海军军舰检查的权力。《美国法典》第81条至第101条则详细描述了美国海岸警卫队的20项执法职责与权力[⑤]。因此，USCG具备军事性、民事性和执法性等多重属性。

---

① 祁斌. 美日韩海警执法体系与装备最新动向. 中国船检, 2016, 2:91−96.

② 卢佳. 美国海岸警卫队2010财政年度战略重点解读. 公安海警高等专科学校学报, 2009, 3: 35−36.

③ 苏朋. 当代美国北极战略研究（2009—2011）. 广州：暨南大学, 2012.

④ 李景光. 国外海洋管理与执法体制. 北京：海洋出版社, 2014.

⑤ 陈鹏. 美国海岸警卫队对中国海警发展的借鉴意义. 公安海警学院学报, 2013, 12(2):60−62.

USCG工作范围包括美国海岸、港口、内陆水域和国际水域，除了在美国海域执法，USCG也在公海内执行国际公约、协议等，在实际执法工作中，USCG会保持与地方执法机构合作[①]，也会经常与周边国家开展国际合作[②]。

根据2014年统计数据[③]，USCG各类人员总数为155569人，其中现役军人36235人，退役人员35570人，合同雇员32814人，辅助人员29620人，军队预备役和预备役退役军人分别为7351人、6915人，公务员7064人。截至2015年6月，USCG拥有排水量100吨以上的执法船161艘，其中大型巡逻舰10艘，中型巡逻舰28艘，巡逻舰46艘，破冰船3 艘[④]。

二、美国海岸警卫队职能的历史演变

1915年1月20日，美国国会通过《海岸警卫队成立法案》，美国救生管理处、缉私船管理处合并成USCG。缉私船管理处的成立缘于美国独立战争后国库虚空，为了增加税收美国决定对英国商船收取高额关税，但收取关税必然导致大量走私，因此需要设立一个部门对走私进行管理。USCG成立之初，职能限于救生和缉私管理，包括救生和拦截走私、贩毒、贩奴等。1939年，美国灯塔管理处并入USCG，灯塔维护、导航等成为USCG的职能之一。1946年，船舶检查与导航局并入USCG[⑤]，其职能再一次得到扩充，新获得的职能包括船员管理、船舶安全检查。

为了应对“9・11”事件，2002年11月25日美国总统小布什签署法案，将海岸警卫队、移民和归化局及海关总署等22个联邦机构合并成立国土安全部，其主要职责是保卫国土安全及相关事务，使美国能够更加协调和有效地对付恐怖袭击威胁。由于USCG本身肩负海上安全和海上治安职能，USCG划归国土安全部管辖确立了其海洋国土安全领导机构的地位，国土防卫成为USCG的第一使命。

① USCG and Local Law Enforcement works Together at CGS Wrightsville Beach, Coastal. http://snmeven. ts. /uscg-and-local-law-enforcement-works-together-at-cgs-wrightsville-beach/, July6, 2015.

② Coast Guard works to keep shipping channels clear. http://upnorthlive. com/news/local/coast-guard-works-to-keep-shipping-channels-clear? id＝1146338.

③ COAST GUARD SNAPSHOT-2014. http://www. navcen. uscg. gov/.

④ 祁斌. 美日韩海警执法体系与装备最新动向. 中国船检, 2016, 2:91−96.

⑤ 何学明. 美国海上安全与海岸警卫战略思想研究. 北京：海洋出版社, 2009.

美国总统奥巴马于2010年签署了《海岸警卫队授权法案》[①]，赋予了USCG保障美国港口和水域安全的权力，允许其获得在美国水域巡逻的相关船舶和飞机的支援，新法案还增加了对拒绝认罪的船舶操作人员，特别是涉嫌药品走私及运输非法移民的船舶操作人员的犯罪惩罚的权力。

根据2012年修订的《美国海岸警卫队法》和相关条例[②]，USCG主要职责包括：①在公海和美国管辖海域及其水下和上空执行或协助执行所有适用的美联邦法律；②对海上的情况进行空中监视或拦阻，执行或协助执行美国的相关法律规定；③海上航行在公海上和美国领海内根据相关法律规定，宣传和执行改善人员生命安全和财产安全的相关规定；执行法律未专门规定由其他执行部门承担的所有事务；④在公海上和美国管辖海域内开发、建立、维护和运行航海导航、破冰设施和救助设施，确保海上航行安全；⑤在公海和美国管辖海域以外的地方，按照国际协议的规定，开发、建立、维护和运行破冰设施；⑥在公海和美国管辖海域进行海洋科学研究；⑦保持待命状态，随时准备好在战争期间提供特种服务，其中包括履行海上防区的指挥职责。USCG职能可以概括为5个方面：国土防卫、海上治安、海上安全、海上交通、海洋资源与环境保护[③]。

2012年USCG发布的态势报告中指出，USCG作战区域除了国内和加勒比海地区，将聚焦太平洋“轴心”，以西南海岸地区为主，重点关注北极地区的利益争夺。2015年3月美国发布的新版海上战略（《21世纪海上力量合作战略》）中[④]，把USCG作为负责保障西半球安全的领导机构，再次扩大了海岸警卫队在海上安全中担负的任务范围。

从USCG发展历程和归属部门变更经历看，美国经过长期的探索，根据时代的发展需求，通过早期机构的合并、不同时期行政命令以及国会、总统授权等渠道和手段，成就了今天海岸警卫队的庞大规模和全面职能，使其成为美国唯一的海上综合执法力量。进入21世纪以后，USCG国土防卫和海上安全的职能呈现明显加强趋势。

---

① 胥苗苗. 美国通过海岸警卫队授权法. 中国船检, 2010, 11:68.

② 1949年《美国海岸警卫队法》2012年修订；美国海岸警卫队条例Doctrine for the U. S. Coast Guard.

③ U. S. Code Title 14. Part I. Chapter5 Functions and Powers.

④ 王培. 印度学者研究美国新海上战略及其对亚洲的影响. 防务视点, 2015, 8:12−14.

三、美国海岸警卫队工作量占比分析（2008—2015年）

为系统分析USCG海上执法工作量，课题组收集整理了USCG于2008—2015年期间公开的年报和简报等数据资料，运用“全工时评量法”和“折合全时工作量”定量指标，结合向海警、港口公安等专业人士咨询的结果，分析了美国海岸警卫队工作量的占比情况。

（一）“折合全时工作量”定量指标介绍

“折合全时工作量”这一指标来源于R&D核算中的“R&D人员折合全时工作量”。R&D人员折合全时工作量是指全时人员折合全时工作量与所有非全时人员工作量之和，单位为人年。一个全时人员的折合全时工作量计为1；非全时人员按实际投入工作量进行累加，将工作量折合成全时后的值。该方法也被称为“全工时评量法”。

参考以上定义，本研究提出美国海岸警卫队折合全时工作量，其值为将美国海岸警卫队各项工作的工作量折合成全时后的值。这里的“全时”指的是满工作时间。为便于计算，将指标的单位定为人天。1（人天）折合全时工作量表示需要一人工作一天。这一指标可将美国海岸警卫队各项工作的工作量单位统一化，使其可直接进行比较分析。

（二）数据处理

本研究数据来源于美国海岸警卫队官网（2008—2015年），对数据的处理过程如下。

（1）根据《美国法典》第14卷第1部分第5章，美国海岸警卫队的职能主要分为5个方面：国土防卫、海上治安、海上安全、海上交通、海洋资源与环境保护[①]，将其各项工作进行分类。

（2）以充分利用现有数据为前提，综合考虑工作的全覆盖性与不重复性，建立美国海岸警卫队五大功能的工作指标体系。

（3）按照工作指标体系，美国海岸警卫队2008—2015年这8年间各项工作的工作量（见表1）。

① U. S. Code Title 14. Part I. Chapter5 Functions and Powers.

表1　2008—2015年美国海岸警卫队五大功能工作的工作量[1]

五大功能	工作指标	2008 年	2009 年	2010 年	2011 年	2012 年	2013 年	2014 年	2015 年
国土防卫	保护伊拉克海上石油基础设施部署巡逻艇	6		6	6			6	
	次数、人员数量（艘，人）	400		400	400			400	
	美国军用物资运输安全保障次数（次）	500			230			189	
	高度可疑船舶登临检查次数（次）	1 500		1 825	10 400			623	422
	为高客运量客船护航（次）					2 000			1 955
	为关键的海上基础设施和资源进行巡逻（次）					2 100			20 775
	开展国防部指导的旋转翼空中拦截行动任务（次）								72
海上治安	清缴可卡因重量（千克）	370 000	75 296	158 775	75 296	163 000		90 997	14 969
	阻挡非法移民人数（人）	5 000		3 650	2 500	2 955	1 721	7 747	6 000
	对悬挂美国国旗外国船只商检次数（次）	70 000			10 400				9 400
	对驶入美国港口外国船只检查次数（次）	11 000		10 950	9 500	11 628	8 400	8 600	131 276
海上治安	对大陆架外缘的船只安全和保安检查（次）							4 891	4 000
	检查集装箱个数（个）			25 550			23 700	25 393	20 700
	设施安全和海洋污染相关检查（次）							3 643	4 200
	外国港口设施反恐措施有效性评估（个）							169	140

① 数据来自美国海岸警卫队官网：http://www. navcen. uscg. gov/, 2008—2015年期间公布的Per. formance Report、snapshot或Budget相关文件

续表1

五大功能	工作指标	2008 年	2009 年	2010 年	2011 年	2012 年	2013 年	2014 年	2015 年
	搜索、救援案件处理数量（个）	24 000			20 510		17 000	17 000	
	营救人数（人）	4 000		4 745	3 800	3 560	7 400	3 430	3 536
	签发商船船员证数量（个）			73 000					
海上安全	发现冰山数量（个）		1 200					1 546	
	签发运输工人资格证书（份）				70 760				
	为海员发放认证书（人）						218 000	218 000	
	转移干散货（万吨）						3 000	3 000	2 500
	发布安全建设公示次数（次）	10 000							
	维修浮标数量（个）			17 885					
	海上事故调查次数（次）			4 380	6 200	4 600		5 856	5 200
海上交通	参与协助商业转运次数（次）		479					2 200	
	签发桥梁工程许可（个）							51	
	建立航行自动识别系统（个）							52	
	渔业保护登船检查次数（次）	5 600		5 475	5 500	6 000	5 000	5 928	5 000
	污染事故调查次数（次）	4 000		3 650	3 000			8 905	
海洋资源与环境保护	治理联邦清理项目（件）							400	
	检查船只是否符合大气排放标准（艘）			12 045					
	登临检查休闲船只（次）				46 000			43 700	50 000

（三）测算思路与过程

本文拟分析美国海岸警卫队2008—2015年这8年间工作量的占比，由于各项工作的计量单位不同，引入美国海岸警卫队折合全时工作量这一指标。测算思路与过程如下（见表2）。

（1）根据2008—2015年间各项工作的工作量，求出8年间各项工作的工作量平均值（由于计量单位不同，这里称为工作单位数平均值）。具体测算时，仅对有效历史数据求算术平均。

（2）按照每单位工作需耗费的实际投入工作量，求出每单位工作的折合全时工作量，单位为人天。具体做法是，考虑每单位工作需要多少人（船）、多少天完成。

以“海洋资源与环境保护”功能为例，“渔业保护登船检查次数”的单位工作折合全时当量为15（人天），表示渔业保护登船工作需要15人工作1天完成。其算法是：30×1/2，代表渔业保护工作需要一条船（船上30人）工作1天，1天检查2次（每单位工作的折合全时工作量的测算中所涉及的数据来源见表3）。

（3）求出单项工作的折合全时工作量。具体做法是，单项工作折合全时工作量=工作单位数平均值×每单位工作的折合全时工作量。

以“海洋资源与环境保护”功能为例，“渔业保护登船检查次数”折合全时工作量为82506.45人天，为其工作单位数平均值（5500.43）×每单位工作的折合全时当量（15）所得。

（4）求出单项工作的折合全时工作量占比。具体做法是，单项工作的折合全时工作量占比 =（单项工作的折合全时工作量/所有工作的折合全时工作量）×100%。

（5）求出美国海岸警卫队五大功能的折合全时工作量占比。具体做法是，单一功能的折合全时工作量占比 =（单一功能的折合全时工作量/所有工作的折合全时工作量）×100%。

表2　2008—2015年美国海岸警卫队五大功能的折合全时工作量占比测算

五大功能	工作指标（单位）	工作单位数平均值	每单位工作的折合全时工作量（人天）		单项工作折合全时工作量（人天）	单项工作占比（%）	五大功能占比（%）
国土防卫	保护伊拉克海上石油基础设施部署巡逻艇次数、人员数量（艘，人）	6	30×300	9 000	54 000	0. 73	29.34
		400	300	300	120 000	1. 62	
	美国军用物资运输安全保障次数（次）	306.33	30×30	900	275 700	3.71	
	高度可疑船舶登临检查次数（次）	2 954	30×7	210	620 340	8. 36	
	为高客运量客船护航（次）	1 977. 5	30×7	210	415 275	5. 59	
	为关键的海上基础设施和资源进行巡逻（次）	11 437. 5	30×2	60	686 250	9. 24	
	开展国防部指导的旋转翼空中拦截行动任务（次）	72	30×3	90	6 480	0. 09	
海上治安	清缴可卡因重量（千克）	135 476.14	30×4/1000	0. 12	16 257. 12	0. 22	36. 93
	阻挡非法移民人数（人）	4 224. 71	30×4/1000	0. 12	506. 97	0. 01	
	对悬挂美国国旗外国船只商检次数（次）	29 933. 33	10×3	30	898 000	12. 10	
	对驶入美国港口外国船只检查次数（次）	27 336. 29	10×3	30	820 088.57	11. 05	
海上治安	对大陆架外缘的船只安全和保安检查（次）	4 445. 5	10×3	30	133 365	1. 80	36. 93
	检查集装箱个数（个）	23 835. 75	3×1 / 20	0. 15	3 575. 36	0. 05	
	设施安全和海洋污染相关检查（次）	3 921. 5	30×7	210	823 515	11. 09	
	外国港口设施反恐措施有效性评估（个）	154. 5	30×30 / 3	300	46 350	0. 62	

续表2

五大功能	工作指标（单位）	工作单位数平均值	每单位工作的折合全时工作量（人天）		单项工作折合全时工作量（人天）	单项工作占比（%）	五大功能占比（%）
海上安全	搜索、救援案件处理数量（个）	19 627. 5	30 × 2	60	1 177 650	15. 86	17. 43
	营救人数（人）	4 353	30 × 5 / 10	15	65 295	0. 88	
	签发商船船员证数量（个）	73 000	2 × 1 / 20	0. 1	7 300	0. 10	
	发现冰山数量（个）	1 373	10 × 7 / 20	3. 5	4 805. 5	0. 06	
	签发运输工人资格证书（份）	70 760	2 × 1 / 20	0. 1	7 076	0. 10	
	为海员发放认证书（人）	218 000	2 × 1 / 20	0. 1	21 800	0. 29	
	转移干散货（万吨）	2 833. 33	10 × 7 / 20	3. 5	9 916. 67	0. 13	
海上交通	发布安全建设公示次数（次）	10 000	1 × 7	7	70 000	0. 94	13. 22
	维修浮标数量（个）	17 885	10 × 3 / 50	0. 6	10 731	0. 14	
	海上事故调查次数（次）	5 247. 2	30 × 5	150	787 080	10. 60	
	参与协助商业转运次数（次）	1 339. 5	10 × 7	70	93 765	1. 26	
	签发桥梁工程许可（个）	51	3 × 30	90	4 590	0. 06	
	建立航行自动识别系统（个）	52	10 × 30	300	15 600	0. 21	
海洋资源与环境保护	渔业保护登船检查次数（次）	5 500. 43	30 × 1 / 2	15	82 506. 43	1. 11	7. 13
	污染事故调查次数（次）	4 888. 75	10 × 3	30	146 662.5	1. 98	
	治理联邦清理项目（件）	400	10 × 10	100	40 000	0. 54	
	检查船只是否符合大气排放标准（艘）	12 045	5 × 2	10	120 450	1. 62	
	登临检查休闲船只（次）	46 566. 67	10 × 3 / 10	3	139 700	1. 88	

表3　每单位工作的折合全时工作量的测算中所涉及的数据来源

五大功能	工作指标（单位）	单位工作折合全时工作量（人天）	数据说明	数据来源
国土防卫	保护伊拉克海上石油基础设施部署巡逻艇次数（次）	30 × 300	30为一艘执法船人数；300为巡逻艇一年工作天数	咨询海警工作人员；根据工作性质推测
	人员数量（艘，人）	300	300为巡逻艇人员一年工作天数	根据工作性质推测
	美国军用物资运输安全保障次数（次）	30 × 30	30为一艘执法船人数；30为一次安全保障工作所需天数	咨询海警工作人员；根据工作性质推测
	高度可疑船舶登临检查次数（次）	30 × 7	30为一艘执法船人数；7为一次检查所需天数	咨询海警工作人员；根据工作性质推测
	为高客运量客船护航（次）	30 × 7	30为一艘执法船人数；7为一次护航所需天数	咨询海警工作人员；根据工作性质推测
	为关键的海上基础设施和资源进行巡逻（次）	30 × 2	30为一艘执法船人数；2为一次巡逻所需天数	咨询海警工作人员；根据工作性质推测
	开展国防部指导的旋转翼空中拦截行动任务（次）	30 × 3	30为一艘执法船人数；3为一次任务所需天数	咨询海警工作人员；根据工作性质推测
海上治安	清缴可卡因重量（千克）	30 × 4/1 000	30为一艘执法船人数；4为一次清缴所需天数；1000为一次清缴所获可卡因重量（克）	咨询海警工作人员；根据工作性质推测；检索国内外相关案件
	阻挡非法移民人数（人）	30 × 4/1 000	30为一艘执法船人数；4为一次阻挡所需天数；1 000为一次阻挡非法移民人数	咨询海警工作人员；根据工作性质推测；检索国内外相关案件
	对悬挂美国国旗外国船只商检次数（次）	10 × 3	10为一次商检所需人数；3为一次商检所需天数	根据工作性质推测；根据工作性质推测
	对驶入美国港口外国船只检查次数（次）	10 × 3	10为一次检查所需人数；3为一次检查所需天数	根据工作性质推测；根据工作性质推测
	对大陆架外缘的船只安全和保安检查（次）	10 × 3	10为一次检查所需人数；3为一次检查所需天数	根据工作性质推测；根据工作性质推测

续表3

五大功能	工作指标（单位）	单位工作折合全时工作量（人天）	数据说明	数据来源
海上治安	检查集装箱个数（个）	3×1/20	3为检查集装箱所需人数；1为一次检查所需天数；20为一天检查集装箱个数	咨询国内港口公安；咨询国内港口公安；咨询国内港口公安
	设施安全和海洋污染相关检查（次）	30×7	30为一艘执法船人数；7为一次护航所需天数	咨询海警工作人员；根据工作性质推测
	外国港口设施反恐措施有效性评估（个）	30×30/3	30为一艘执法船人数；30为一次前往外国评估所需天数；3为平均一个国家拥有的港口数	咨询海警工作人员；根据工作性质推测；根据原始材料估计
海上安全	搜索、救援案件处理数量（个）	30×2	30为一艘执法船人数；2为一次工作所需天数	咨询海警工作人员；根据工作性质推测
	营救人数（人）	30×5/10	30为一艘执法船人数；5为一次营救所需天数；10为一次工作营救人数	咨询海警工作人员；根据工作性质推测；检索国内外相关案件
	签发商船船员证数量（个）	2×1/20	2为签发船员证所需人数；1为一次签发所需天数；20为一天签发商船船员证数量	根据工作性质推测；根据工作性质推测；根据原始材料估计
	发现冰山数量（个）	10×7/20	10为一艘执法船人数；7为一次航行所需天数；20为一次航行发现冰山数量	咨询海警工作人员；根据工作性质推测；根据工作性质推测
	签发运输工人资格证书（份）	2×1/20	2为核实资格证书所需人数；1为一次核实所需天数；20为一天核实资格证书数量	根据工作性质推测；根据工作性质推测；根据原始材料估计
	为海员发放认证书（人）	2×1/20	2为发放认证书所需人数；1为一次发放所需天数；20为一天发放认证书数量	根据工作性质推测；根据工作性质推测；根据原始材料估计
	转移干散货（万吨）	10×7/20	10为转移干散货所需人数；7为一次转移所需天数；20为一次转移吨数	根据工作性质推测；根据工作性质推测；根据原始材料估计

续表3

五大功能	工作指标（单位）	单位工作折合全时工作量（人天）	数据说明	数据来源
海上交通	发布安全建设公示次数（次）	1 × 7	1为发布公示所需人数；7为一次发布所需天数	根据工作性质推测；根据工作性质推测
	维修浮标数量	10 × 3 / 50	10为一次维修所需人数；3为一次维修所需天数；50为一次维修浮标个数	根据工作性质推测；根据工作性质推测；根据原始材料估计
	海上事故调查次数（次）	30 × 5	30为一艘执法船人数；5为一次调查所需天数	咨询海警工作人员；根据工作性质推测
	参与协助商业转运次数（次）	10 × 7	10为商业转运所需人数；7为一次调查所需天数	根据工作性质推测；根据工作性质推测
	签发桥梁工程许可（个）	3 × 30	3为签发一个许可所需人数；30为签发一个许可所需天数	根据工作性质推测；根据工作性质推测
	建立航行自动识别系统（个）	10 × 30	10为建立一个系统转运所需人数；30为建立一个系统所需天数	根据工作性质推测；根据工作性质推测
海洋资源与环境保护	渔业保护登船检查次数（次）	30 × 1 / 2	30为一艘执法船人数；1为一次出行检查所需天数；2为一次出行检查次数	咨询海警工作人员；根据工作性质推测；根据工作性质推测
	污染事故调查次数（次）	10 × 3	10为一艘执法船人数；3为一次调查所需天数	咨询海警工作人员；根据工作性质推测
	治理联邦清理项目（件）	10 × 10	10为一艘执法船人数；10为一次治理所需天数	咨询海警工作人员；根据工作性质推测
	检查船只是否符合大气排放标准（艘）	5 × 2	5为检查所需人数；2为一次检查所需天数	根据工作性质推测；根据工作性质推测
	登临检查休闲船只（次）	10 × 3 / 10	10为检查所需人数；3为一次出行检查所需天数；10为一次出行检查次数	根据工作性质推测；根据工作性质推测；根据工作性质推测

四、结论与建议

（一）结论

根据USCG执法任务构成和工作量分析结果可得出以下结论。

（1）USCG在最近8年中执行任务最多的两个职能是国土防卫和海上治安，两项任务折合全时工作量之和约占总任务的66.26%。这些任务均与国家安全有关，表明USCG在维护美国国家海洋安全中的重要地位。本研究测算结果直接印证了美国2009年遭受“9・11”恐怖袭击后实施的国土安全战略，即非常重视并持续加大对国土安全的力量投入。

（2）海洋资源与环境保护任务占美国海岸警卫队任务比重最小，约为7.13%，这从侧面反映了USCG在海洋资源与环境保护方面的执法压力较小，而中国在该方面的执法压力较大。分析其中原因，可能是由于美国国体与中国国体不同，且海洋管理模式与中国海洋管理模式有较大差异，海上现场执法任务较少，行政执法力量投入的需求弱。

（3）高度可疑船舶登临检查次数、对悬挂美国国旗外国船只商检次数、驶入美国港口外国船只检查次数、大陆架外缘船只安全和保安检查四者的折合全时工作量之和约为33.29%，占据全部工作量的近1/3，由此可以看出，对船舶的安全检查是日常工作的重点。

（4）所有工作量中，单项占比最高的是搜索及救援案件处理，约为15.86%。这项任务与美国海岸警卫队的前身机构之一（救生管理处）有关，USCG从事搜救工作已有150多年的历史，营救失事船只、失事人员一直以来都是USCG任务的重心。

（二）建议

1.完善我国海上执法法律建设

纵观USCG发展史，其所有职能都在法律授权下进行，比如美国海岸警卫队在执行登船临检、武器使用，以及海上禁毒、渔业环境保护、海洋国土安全等方面都有具体的执法规范。美国《海岸警卫队法》赋予USCG登临权、检查权、抓捕权。

1982年国防部甚至批准USCG特遣队在和平时期有权登临海军舰艇执法的权力。从USCG完善的立法体系和执法规范中我们应当得到一定的启示：应根据我国的战略需求，及时完善法律体系，给予海上执法力量以明确授权。

2. 进一步整合我国海上执法机构

美国相关法律赋予USCG承担几乎所有海上执法任务的权限，凡是与海洋相关的管理事务，海岸警卫队都有权干涉，体现了其作为美国海上唯一的综合执法机构的重要性。同时，作为海上安全防卫和海上利益保护的武装力量，USCG在保障美国重大国家利益中也发挥着关键作用。这些执法任务和职能并非自USCG建立之初就确立的，而是随着时代的发展，根据国家需求逐渐合并的。相比较而言，中国海上执法力量除了中国海警之外，海巡、海上搜救等任务仍然是由独立的部门执行（海事局、救助打捞局），中国在海上执法队伍建设方面应进一步整合。

3. 推动我国海警信息的进一步透明化

美国海岸警卫队每年发布其执法任务，同期发布的还有海岸警卫队的财政预算，以公告或政策文件的形式对每年工作成果进行公布，对于政府海洋决策和公众知情都有积极的意义，同时也提升了海岸警卫队的影响力。中国海监总队曾于2001年5月制定海洋行政执法统计报表制度[①]，2008年出版了《中国海洋行政执法统计年鉴》，对2001—2007年海洋行政执法力量派出情况进行了总结，国家海洋局定期发布中国海警舰船钓鱼岛领海巡航等活动公告，但尚未建立起海上综合执法年度公报制度。建议国家海洋局尽快建立海洋综合执法统计制度，加快统计工作的信息化、网络化和公开化建设，以便为国家海洋管理部门提供决策依据，给公众提供一个了解海洋综合执法工作的窗口。

此外，由于中国国情与美国不同，中美在海洋综合执法体制上也应有所差异。例如中国海上执法的90%以上是行政执法，而美国海洋资源与环境保护任务的占比仅约7%，这些都应纳入决策考虑中。

① 孙书贤. 中国海洋行政执法统计年鉴. 北京：海洋出版社，2008.

五、结语

保卫近海国土安全、打击有组织犯罪和保护商船仍是未来美国海岸警卫队的重要任务。美国海岸警卫队的口号是“时刻准备着”，要时刻保持最佳状态，以实现美国国家利益最大化。中国要建设海洋强国，离不开海上执法力量的护航。美国海岸警卫队的发展历程、职能演变以及工作任务布局给了我们诸多启示，相信中国会在建设海上执法力量道路上走出一条符合国情、适应时代发展的特色之路。

美国海岸警卫队发展历程与职能属性转变研究

刘大海　刘芳明　郭　通　连晨超　王泉斌

摘　要：系统梳理了美国海岸警卫队的发展历程，并根据其职能属性和定位将演变过程分为三个阶段，分析得出美国海岸警卫队职能转变过程的三个特点：①重大突发事件可能引发海警职能的重要转变；②海警职能转变与美国国家战略相关，但并不完全同步；③职能转变伴随海警性质交替变化。最后总结出美国海岸警卫队的制度优势，为评估美国海岸警卫队发展趋势提供参考。

关键词：美国海岸警卫队；发展历程；职能属性；优势

一、引言

美国海岸警卫队（United States Coast Guard，USCG）是世界各国海岸警卫队的鼻祖，是目前最强大的海上执法队伍，是各国海上执法队伍建设的典范[①]，其先进的管理体制和执法模式值得我国学习和借鉴。当前，国内学界对美国海岸警卫队进行了一定研究，如马道玖详细介绍了其现状和港口国检查的情况[②]；刘大海等[③]梳理了美国海岸警卫队职能的历史演变，运用“折合全时工作量”指标，定量分析了其工作量中各任务的占比情况，并对分析结果进行了解读；卢佳对美国海岸警卫队2010财务年度工作报告中的战略规划部分进行了解读，并对我国海警部队的建设发

① 陈鹏. 美国海岸警卫队对中国海警发展的借鉴意义[J]. 公安海警学院学报, 2013, 12(02):60−62.

② 马道玖. 美国海岸警卫队简介[J]. 中国海事, 2006, (02):57−59.

③ 刘大海, 刘芳明, 连晨超, 等. 美国海岸警卫队职能演变及工作量占比研究——基于2008—2015年美国海岸警卫队官方数据[J]. 海洋开发与管理, 2016, 33 (07):84−91.

展提出了建议[①]；陈鹏分析了美国海岸警卫队在主要功能、执法效率、协同成效等方面的优势及其未来规划[②]；高奇从执法机构、执法素质、执法权力、执法权限、执法装备等方面分析了美国海岸警卫队高效执法的原因，并结合我国现状提出了建议[③]。总的来看，目前国内学者对美国海岸警卫队的分析多集中于战略层面，缺乏从制度层面对美国海岸警卫队的发展历程和职能定位的系统研究。

针对美国海岸警卫队发展历程和职能定位的变化，有几个关键问题需要明确：①美国海岸警卫队的职能和属性转变可分为几个阶段？每个阶段经历了哪些变化？②其职能定位历史沿革有何特点？制度和机制方面存在哪些优势？鉴于此，本文将系统梳理美国海岸警卫队的发展历史，并对其职能属性的变化和发展历程特点进行分析和归纳，进而获得上述问题的答案。

二、美国海岸警卫队职能属性演变的三个阶段

早期的美国海岸警卫队由5个不同的联邦机构逐渐合并而成：USLS（US Lighthouse Service）主要负责灯塔服务，USRCS（Revenue Cutter Service）负责海上执法，USLSS（Life Saving Service）负责海上救生，USSIS（Steamboat Inspection Service）负责汽艇，USBoN（Bureau of Navigation）负责海上检查[④]。海岸警卫队依据性质可划分为军事、准军事和民事三种[⑤]，其中民事主要是警察属性。海岸警卫队的职能、任务以及属性存在逐步演变的过程，大致可以分为3个阶段，分别是“警察（简称警）”的单一身份属性阶段（1789—1812年）、“军队（简称军）”的身份属性强化阶段（1812—1898年）和在“警”和“军”之间不断转换阶段（1898年至今）。

① 卢佳.美国海岸警卫队2010财政年度战略重点解读[J].公安海警高等专科学校学报, 2009, 8(3):35−36, 29.

② 陈鹏.美国海岸警卫队对中国海警发展的借鉴意义[J].公安海警学院学报, 2013, 12(02):60−62.

③ 高奇.论美国海岸警卫队高效执法的原因及启示[J]. 法制与社会, 2009, (31):211−212.

④ USCG：US Coast Guard Historical Overview. [EB/OL]. [2017−08−30].https://www.uscg.mil/history/docs/histdocsindex.asp.

⑤ Andreas Østhagen. The Arctic coast guard forum: big tasks, small solutions. [EB/OL]. (2015−11−02)[2017−09−30].https://www.thearcticinstitute.org/the-arctic-coast-guard-forum-big-tasks/.

（一）“警”的单一身份属性阶段（1789—1812 年）

在美国海岸警卫队的5个联邦机构中，最早成立的是USLS，它于1789年成立并于1939年并入USCG。在20世纪末GPS普及导致灯塔功能削弱之前，一直负责灯塔服务。在整个过程中，USLS一直以“警”的属性承担着对内服务的功能。与之类似的还有USSIS，自1783年成立至今一直以“警”的属性承担着船只检查装配的任务，负责保护美国的海上贸易安全。

为了恢复关税制度，美国于1790年成立了USRCS。独立战争结束后（1785—1794年）海军被解散，USRCS的10艘缉私快艇成为美国1790—1798年间唯一的海上执法力量。除了执行关税法律法规之外，缉私快艇队还负责保护船只的海上安全（主要是防御海盗以及海上缉查走私）。在这一时期，由于缉私快艇本身的特点，美国的海洋安全范围主要局限在近岸海域，这与美国建国初期的孤立主义战略十分契合。第二次英美战争之后，尽管美国海洋政策仍然以保卫本土安全为主，但随着美国经济和贸易的极大发展，保护贸易安全和打击海盗成为了海岸警卫队的重要任务。至此，USRCS主要承担 “警”的职能身份。

（二）“军”的身份属性强化阶段（1812—1898 年）

由于装备配置和人员素质等因素，USRCS早期承担的作战任务相对较少，主要承担其“警”的身份属性任务。在美法短暂冲突（Quasi-War）中，USRCS缉私快艇队的军事能力首次得到体现。1812年美国第二次独立战争爆发，缉私快艇队被正式赋予沿海作战的任务，这一任务一直持续至今，USRCS的“军”的职能属性不断加强。1878年，美国经历了南北战争后，海上救生的任务重新得到重视，在国会的资金支持下，USLSS由一批有丰富经验的水手和船员组建而成，隶属财政部。

门罗主义时期美国开始转变其海洋外交战略。美西战争是美国扩张性政策的一个尝试，通过海上战争美国获得巨大利益，而西班牙则遭受巨大损失[①]。这场战争是欧洲衰落和美国崛起的表现，美国的触角开始向亚太地区伸张。在战争中，USRCS利用快艇队体积小、行动灵活的优势承担了海岸作战的任务，“军”的身份属性加强。这一时期，除了美墨战争（1848年）、美国内战（1865年）和美西战争

① [美]詹姆斯·柯比·马丁. 美国史（下）. 范道丰, 等. 商务印书馆, 2012.

（1898年），USRCS和USLSS在其他近海作战任务中都有出色表现，作战能力大大增强，它们作为“军”这一身份属性继续巩固。

总体来说，从海警建立到1898年美西战争期间，美国奉行孤立主义和中立主义政策并大力发展海外贸易。在这一思想指导下，美国海岸警卫队各个分支的主要职能以“警”的属性运行，为美国的海上贸易保驾护航。1812年第二次独立战争成为职能属性变化的转折点，美国海岸警卫队身份“军”的属性大幅强化，作为政府的一支武装力量，在战争中发挥的作用日益凸显。在美国大面积扩张领土的时期，海岸警卫队的任务甚至扩展到海外领地的海岸巡航。

（三）在“警”和“军”之间不断转换阶段（1898年至今）

“一战”和“二战”的短暂空隙期间，由于禁酒运动，海岸警卫队恢复了缉私的主要任务，并且人员和设备得到了极大的扩充。随着“二战”期间美国战争参与程度的逐步加深，美国于1940年扩大了海警对危险货物运输的司法权。在这一阶段，由于美国并没有实质性地参与战争，美国海岸警卫队主要执行行政指令，更加侧重于“警”这一职能属性。1941年美国将西半球防御圈扩大至北部的格陵兰，海警成为首个在格陵兰海域执行任务的美国海上力量。同年11月，海警再次被调属海军，主要负责海岸防御、护航任务以及近岸陆地任务，更侧重于“军”的职能。这种机动调配本身也反映出美国海岸警卫队制度的灵活性。

“二战”结束后，美国海岸警卫队的执法职能重新得到重视。20世纪60—80年代，美国海岸警卫队执行了多次缉毒缉私任务，例如著名的古巴难民潮事件；朝鲜战争期间，美国海岸警卫队帮助韩国海军（初期为韩国海警）进行训练，进行了长波电台的修建，并执行了气象巡航、港口安全以及人员搜救等常规任务；在越南战争期间，美国海岸警卫队也执行了类似的综合任务。

1967年美国成立了交通运输部（DOT），负责管理国内交通运输事务。这一时期，美国海岸警卫队转隶交通运输部，主要任务是进行海陆交通的配合以及海上桥梁的建设与改造。在这一阶段，美国海岸警卫队的职能重心转向缉毒缉私和交通方面，弱化了其作为“军”的属性，强化了其作为“警”的职能。

与此同时，美国海岸警卫队对国际海洋事务的参与程度逐渐提升。1968年

USCG特意编写了CG-389号文件[①]，梳理了海警参与的国际组织和国际任务。截至当时，美国海岸警卫队参加的国际组织有20个，既包括联合国教科文组织（UNESCO）等国际性组织，也包含北大西洋公约组织（NATO）等地区性组织；国际任务多达15个，包括破冰行动、救援行动、勘察行动、联合国号召下的军事活动、海洋捕捞业规定的相关执法活动和一些双边海洋活动（如对越南航海行动的援助行动）等。

1977年美国交通部发布了USCG的任务文件[②]，总结了USCG的各项任务，包括：短波导航、桥梁管理、商船安全、国内国际相关法律条约的执行、破冰行动、海洋环境保护、军事行动和军事准备、海洋科技活动、港口安全、无线电导航、乘船安全、预备役、搜索和救援行动以及一些其他支援行动。这一文件从任务构成上重新强化了美国海岸警卫队“军”和“警”的双重职能属性。

1993年冷战结束后，在美国海军军事学院的一项研究中，美国海岸警卫队的任务被划分为4个领域，即海洋安全、海洋环境保护、海洋执法和国防[③]，强调了USCG的地位、国际形象和任务重点。该机构重点强调了海警的非军事力量属性，并对海警和海军做出了明确区分。与此同时，美国海军军事学院还强调了海警的国际人道主义形象。美国试图通过这一举措来弱化国际社会对于美国海岸警卫队“军”这一身份属性的认识，强化美国海岸警卫队的非军事性，让其在敏感海区可以更加灵活地行动而不会侵犯他国的主权，从而扩大本国海上力量的国际活动范围。

2001年“9·11”事件使恐怖活动得到世界性重视。2002年，美国国土安全部成立，海岸警卫队转隶国土安全部。海岸警卫队的职能在这次部门转变中也出现了重大的变化，同年发布的美国海洋国土安全战略肯定了美国海岸警卫队在保卫海洋国土安全和美国领海权中的领导地位，明确了海警在新局势下的工作目标，确定了海警的最高任务是保护美国领海不受侵犯和确保美国运输体系安全[④]。在国家安全受到破坏时，海警凭借其灵活机动的特性被更多地调配到保护美国领海安全的任务

---

① USCG, Publication CG-389 (published originally circa 1968), Washington, 1968.

② USDOT:“USCG, Its Missions and Objectives”, Washinton, 1977, p20-21.

③ USCG, [EB/OL]. [2017−08−30].https://www.reserve.uscg.mil/about/history/1990s/.

④ Maritime Strategy For Homeland Security. U.S. Coast Guard Headquarters, Washington, D.C December 2002.

中，仍然以“军”的主要职能身份捍卫国家安全。

美国在2010年海岸警卫队授权法案[①]、2012年修订的《美国海岸警卫队法》[②]和相关条例中基本都兼顾了海岸警卫队对内和对外的双重任务属性，使之兼具了“警”和“军”的双重身份。2015年3月美国发布的新版海上战略《21世纪海上力量合作战略》[③]把USCG作为负责保障西半球安全的领导机构之一，再次扩大了海岸警卫队在海上安全中的职责，美国海岸警卫队的职能属性再次向“军”倾斜。

三、美国海岸警卫队职能转变的三大特点

从美国海岸警卫队职能属性和工作重心转变过程来看，美国经过长期探索，根据时代发展需求，通过早期机构的合并、不同时期的行政命令以及国会、总统授权等渠道和手段，成就了今天海岸警卫队的庞大规模和全面职能，使其成为美国唯一的海上综合执法力量。进入21世纪以后，其国土防卫和海上安全的职能呈现明显加强的趋势。纵观历史可以发现，美国海岸警卫队的职能转变呈现以下三个特点。

1. 重大突发事件可能引发海警职能的重要转变

美国海岸警卫队职能的转变受突发事件影响较大。纵观海警发展历史，其职能通常会随着突发事件的出现而发生变动。比如在国家建立之初，由于美国公民对关税相关法律的潜意识反抗而发展出USRCL；美法短暂冲突中赋予海岸警卫队近海作战的职能；禁酒运动期间增加了海警的缉私任务以及古巴难民潮增加了海警打击走私人口的任务；最明显的是“9・11”事件之后，重点突出了美国海岸警卫队在国防方面的任务。美国海岸警卫队执法的综合性和多任务性让其比海军更加机动灵活，使其可以更好地应对美国海洋安全威胁。

2. 职能转变与美国战略相关，但并不完全同步

一个国家为了完成某一阶段的目标，往往需要调动各方面的资源。美国海岸

① 胥苗苗. 美国通过海岸警卫队授权法[J]. 中国船检, 2010(11):68−68.

② 《美国海岸警卫队法》2012年修订。

③ 王培. 印度学者研究美国新海上战略及其对亚洲的影响[J]. 防务视点, 2015(8):12−14.

警卫队作为一支重要的海上力量，必然会被纳入国家大战略的考量之中。比如随着美国战略从孤立主义、门罗主义到打击恐怖主义的转变，海警的工作内容从单纯的查收关税、打击走私，逐渐演变到保护商船打击海盗，甚至被赋予了近海作战的任务。但是在阶段性战略转变较快时，或者国家战略变动与海警职能关系不大时，海警的职能并不会明显地表现出同步变化。比如冷战期间，从艾森豪威尔政府的大规模报复战略，到肯尼迪政府的灵活反应战略，再到尼克松–福特政府的缓和战略，海警的职能并没有跟随这几次大的战略性转变发生明显变动。

3.职能转变伴随海警属性交替变换

不同时期，受不同海洋战略和重大事件的影响，美国海岸警卫队的职能发展在“军”和“警”之间各有侧重。但总体来看，美国政府在对海岸警卫队某项“军”或“警”某一项职能进行强化和建设的同时，另一项职能实际上并未受到实质性的弱化。在美国海岸警卫队的整个发展过程中，它作为“军”和“警”的职能实际上都在不同程度上受到了美国政府的重视，并在大量财政投入下得到不断锻炼和发展。如此一来美国海岸警卫队在行使“军”或“警”的职能时均能够出色完成任务，并使其继续朝军警一体化的职能发展方向不断迈进。

四、美国海岸警卫队的优势

经过200多年的发展，美国海岸警卫队逐渐发展成一支全球领先的海上综合执法队伍，其具有明显的制度优势。

一是建立了统一的海上执法机构，并在机构内部进行了明确的权责划分。美国海岸警卫队、美国国家海洋委员会与美国海洋与大气管理局，分别代表了执法、决策和科技三个层次的海洋管理机构。其中，美国海岸警卫队是执法机构，统一行使海上执法权，拥有绝大部分海上执法权责[①]。美国海岸警卫队内部虽然人员众多、任务庞杂，但是组成结构十分清晰，任务分配也比较明确，很好地避免了任务的交叉与重叠现象；与此同时，美国海岸警卫队执行不同任务时除了向总统和委员会负

① 裴兆斌.海上执法体制解读与重构[J].中国人民公安大学学报（社会科学版），2016, 32(01):132–137.

责以外，还需根据任务类型的不同，对内务部长、环保部长或NOAA局长负责[①]。这种制度设计使其在复杂多变的海洋事务中能够尽可能地减少信息传递的环节，节省时间成本，提高执法效率。

二是充分发挥了美国海岸警卫队执行近海任务的职能优势，不断提高海警各方面的能力，使之能够灵活应对各种突发事件。1812年第二次独立战争之后，美国海岸警卫队逐渐开始执行一定的军事行动，被赋予了“军”的任务属性，这在一定程度上可能导致其与美国海军的任务有所重叠。但在实践中，美国海岸警卫队既能配合美国海军作战，又与美国海军的作战区域形成很好的互补，出色完成沿海作战任务，成效显著。在美国海岸警卫队的发展过程中，由于其自身的特点和各种突发事件，美国海岸警卫队不断被调配执行各种突发任务。因此，为了能够使美国海岸警卫队更好地完成任务，美国政府不断加强其执行近海任务这一职能优势，同时不断提高其装备配置和人员素质等各方面的能力，使之最终能够灵活应对各种突发事件。

三是美国海岸警卫队的机动性和灵活性使其更好地为不同时期的国家战略服务。从美国海岸警卫队的发展历程来看，自从1812年第二次独立战争缉私快艇队被正式赋予沿海作战的任务，美国海岸警卫队就兼具了“警”和“军”的双重属性，但在不同时期为了应对不同的事件或者出于不同战略的需要，美国海岸警卫队的身份属性有所侧重。例如：美墨战争（1848年）、美国内战（1865年）和美西战争（1898年）期间，USRCS和USLSS均出色地执行了近水作战的任务，其作为“军”的属性大大强化；而在“二战”结束后，由于古巴难民潮等问题，美国海岸警卫队执行了多次缉毒缉私任务，作为“警”的执法职能得到重视；在孤立主义的指导下，美国海岸警卫队更多的执行作为“警”的对内服务任务；而在门罗主义之下，美国海岸警卫队更加强调作为“军”的军事能力的建设。美国海岸警卫队的机动性和灵活性提高了美国海岸警卫队应对各种突发事件、执行各种任务的能力，使之可以在不同时期、不同战略需求下在“军”和“警”之间不断转换，以更好地为国家战略服务。

---

① 郭倩，张继平.中美海洋管理机构的比较分析——以重组国家海洋局方案为视角[J].上海行政学院学报，2014，15(01):104-111.

五、结语

美国海岸警卫队在国家安全、海洋综合管理、海上交通安全等领域扮演着极其重要的角色，是当今最强大的海上执法队伍，也是各国海上执法队伍建设的典范，其机构演化过程和执法制度设计中折射出许多可供参考和借鉴的经验。本文对美国海岸警卫队进行了探索研究，对于评估美国海洋战略发展和海上力量建设以及美国海岸警卫队发展趋势具有一定的参考作用，希望有助于我国未来进一步发展海警力量。